Etsuko Tsukamoto Bijutsu Shuppan-Sha Winart Book

ワイン力をアップする
テイスティングワークブック

ソムリエ、
ワインアドバイザー、
ワインエキスパート
ワインの試験対策

Tasting
Workbook
for
Your Wine Skills

塚本悦子著

美術出版社

はじめに

ソムリエ、ワインアドバイザー、ワインエキスパートの試験にチャレンジされた方々にお話を伺うと、「とにかく暗記しなければならないことが多すぎて、辛かった……」という声を多数耳にしてきました。たしかに、覚えるべき内容は膨大で、根気よく取り組むことが必要ですが、大変さのあまり、ワインが嫌いになってしまうようでは、まったく本末転倒ですね。

これから試験を目指す皆さんには、できるだけ楽しく、そして効果的に知識を身につけていただきたい、という思いから本書を作成しました。「ワインをより美味しく飲むために、造詣を深めたい」という初心を思い出し、テイスティングを実際に行いながらの勉強のほうが、机上の単調な暗記より無理が少なく、数倍楽しく取り組めるはず。また、学習した内容も深く記憶に刻み込まれることでしょう。ワインは頭でなく、体で覚えるものなのです！

本書では、試験に向けて勉強すべき項目を25に分け、各テーマに沿ったワインを厳選しました。まずは皆さんも比較試飲し、ワインの個性を体感するところから始めてみましょう。テイスティングを繰り返すことは、二次試験の利き酒試験対策としても有効です。掲載ワインは、産地の特徴を明確に表現した優良ワインですので、試験にチャレンジする方だけでなく、世界各地のワインを試してみたい、という方にもお勧めのラインナップです。

また、「地方料理との相性を覚えるのが大変だった……」との意見を受け、各ワインと相乗する郷土料理やチーズを、ビジュアルつきで掲載しています。実際にワインとのマリアージュを楽しみながら、同時に知識も増やしていきましょう！

塚本悦子

テイスティングについて

テイスティングの最大の目的は、**ワインの個性を的確にとらえること**。そのためには、好き、嫌いといった主観的な好みは排除し、先入観は持たず、あくまでも客観的にワインを観察することが大切です。

テイスティングでは、「外観」、「香り」、「味わい」ごとに、見るべき要素をとらえ、それらをパズルのように組み合わせながら、1つのワインに対する総合判断を行います（具体的な内容は「一次試験対策講座」のLesson1、2に掲載）。さまざまな産地、品種のワインを見極めるためには、まず、基準となるワインを自分自身の中に持つことをお勧めします。

テイスティング環境

客観的にワインを観察するためには、テイスティング環境をつねに一定の条件に揃える必要があります。

グラス

ワインをより美味しく味わうためには、ワインにあった大きさや形状のグラスを選ぶことも必要ですが、**テイスティングにおいては公平性を保つために、国際規格に沿ったテイスティンググラスを使用**します。実際に、同じワインを異なる形状や大きさのグラスに入れ、比較しながら飲んでみるとわかりますが、同じワインにもかかわらず、グラスが違うと香りや味わいに違いが出てしまうのです。本書に掲載しているテイスティングコメントはすべて、国際規格のテイスティンググラスを用いたテイスティングによるものです。

温度

実際に美味しく飲むときの温度より、若干（2～3℃）高めの温度の方が、より多くの要素をとらえることができます。ワインが冷えすぎると香りが出にくい場合がありますが、グラスのボール部分を両手で覆い、体温でワインの温度を上昇させると、隠れていた香りが出現してきます。

その他

ワインの色調は、グラスを斜め45度に傾けて、上部から観察します。正確な色や粘性がわかるよう、**白いシートやテーブルクロスの上で**行いましょう。また、ワインの香りを的確にとらえるために、**無臭の環境**も重要です。

ワイン力をアップする
テイスティング・ワークブック
1
ソムリエ、
ワインアドバイザー、
ワインエキスパート
ワインの試験対策

Tasting
Workbook
for
Your Wine Skills

(目次)
Contents

一次試験対策講座 .... Page 9

Lesson		Page
1	白ワインのテイスティング	10
2	赤ワインのテイスティング	14
3	産地による風味の違い	18
4	ボディによる風味の違い	22
5	ロゼとスパークリング	26
6	フランスワインの代表産地	30
7	フランスの個性的なA.O.C.ワイン	34
8	ボルドー地方の白ワイン	38
9	ボルドー地方の赤ワイン	42
10	ブルゴーニュワインの主要品種	46
11	ブルゴーニュ地方の白ワイン	50

Lesson		Page
12	ブルゴーニュ地方の赤ワイン	54
13	シャンパーニュ地方	58
14	ロワール地方	62
15	コート・デュ・ローヌ地方	66
16	ドイツワインの主要品種	70
17	ドイツワインの品質等級	74
18	イタリアの白ワイン	78
19	イタリアの赤ワイン	82
20	スペイン	86
21	オーストリア	90
22	アメリカ	94
23	オーストラリア	98
24	その他新世界と象徴品種	102
25	ワイン以外の酒類	106

二次試験対策講座 110

傾向と対策 111

スティルワインの利き酒 模擬問題

  白ワイン基本4品種 114

  赤ワイン基本4品種 118

掲載商品データ 122

テイスティング・シート 127

付録

ビジュアルつきで覚えやすい
試験対策資料編 ………… 129

フランス、イタリア地方料理とワインの相性 129

フランス、イタリアの代表的チーズとワインの相性 140

色で覚えるスティルワイン以外の酒類 144

本書の使い方

本書は、ソムリエ、ワインアドバイザー、ワインエキスパート呼称資格認定試験の一次試験対策講座、二次試験対策講座、付録の3つのパートからなります。

一次試験対策講座

25の学習テーマ（レッスン）では、最初のカラーページにその学習テーマに沿ったワインが登場します。そして次のモノクロページでは、学習のポイントやワインのコメントなどを掲載しています。

カラーページ：
テイスティングとコメント記入ページ

各レッスンのテーマに沿って比較試飲できるよう、2～4種のワインを掲載しています。ワインは生産地や品種、タイプなどのカテゴリー（右図1）を代表する比較的入手しやすい銘柄を選んでいますが、あくまで一例です。試飲にあたっては、次のモノクロページの「試飲ワイン選びのポイント」（右図8）の条件に合うものであれば、別の銘柄でもかまいません。

ボトル写真の横にはコメントを書き込む欄（右図2）がありますので、「テイスティングのポイント」（右図3）の内容をふまえながらコメントを書き込んでみましょう。また一次試験では、フランスやイタリアワインについて、そのワインと相性のよい郷土料理やチーズを問われることがあります（※）。該当する料理やチーズのあるワインは、それを書き込む欄（右図4）も設けてあります。

※『日本ソムリエ協会 教本』に記載されているマリアージュの一覧にある内容から出題されますが、本書のP129～143の付録にも、カラー写真つきでこの一覧を掲載しています（チーズは主要なものを抜粋）。

モノクロページ：解説ページ

それぞれのワインのテイスティング結果をふまえ、まずは「学習のポイント」（右図5）を確認しましょう。そのレッスンで学ぶべき内容が簡潔に示してあります。右ページには補足資料（右図6）を掲載しています。

それぞれのワインの解説部分は、そのワインのカテゴリーの特徴説明（右図7）、そのカテゴリーのワインを選ぶ際のポイント（右図8）と、そのワイン自体のテイスティングコメント（右図9）で構成されています。前ページで書き込んだ内容は、こちらで確認してください。なお、コメントの中のアルコール度数は、コメント執筆にあたり試飲したヴィンテージのものであり、ヴィンテージが変わると変更となる可能性があります。

カラーページ：テイスティングとコメント記入ページ

モノクロページ：解説ページ

二次試験対策講座「スティルワインの利き酒模擬問題」

二次試験の中の利き酒試験では、スティルワイン以外も含む4種の酒類が供されますが、スティルワインでは、それぞれに適したテイスティング用語や品種、生産国等を選択肢から選びます。選択肢から解答を選ぶにはコツがあります。その対策にもなるよう、ここではスティルワインの白と赤の基本的な4品種について、実際に近い解答形式を用いた模擬問題を設けています。

問題ページ

試験は実際にはブラインド・テイスティングですが、本書では便宜上、一次試験対策講座で登場したワインから、それぞれの品種に該当する代表的なワインを選びました（右図10）。それらがブラインドで出題されたという前提で、外観、香り、味わいなどについて、選択肢（右図11）から適した用語を選び、解答欄（右図12）に記入します。ワインを試飲しながら問題にチャレンジしてみてください。

解答・解説ページ

次のページには、解答（右図13）と、供されたワインがその品種であると確定するためのポイント解説（右図14）があります。また「さらにおさえておきたい4品種」（右図15）では、基本4種以外でも理解しておきたい品種について、確定のポイントを記載しています。

付録

試験に出る項目の中で「フランス、イタリアの地方料理やチーズとワインの相性」、「スティルワイン以外の酒類」について、料理やチーズ、酒類の色の写真をつけた一覧を掲載しています。あまり馴染みのない項目も、ビジュアルがつくと記憶に残りやすくなるでしょう。学習の手助けにご活用ください。

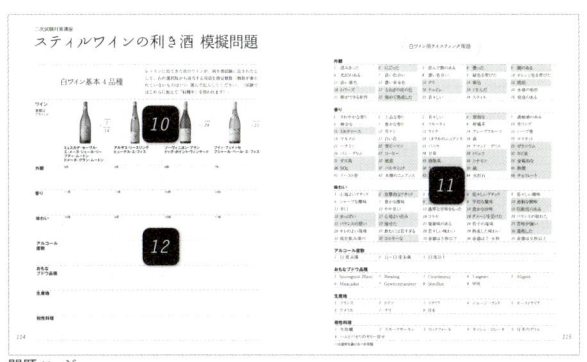

問題ページ

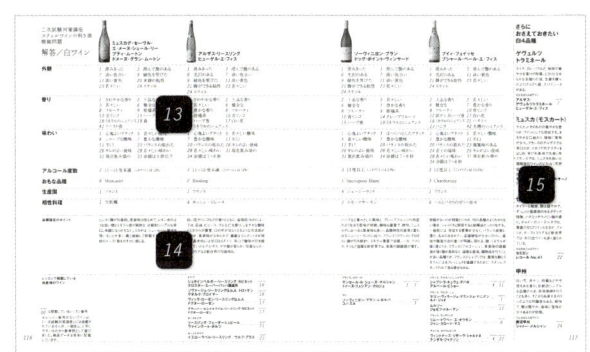

解答・解説ページ

◎本書では、テイスティングを通じた学習書という性質上、試験対策の学習項目から内容を絞って掲載しています。本書の姉妹書である『チェック＆スタディ 30日間ワイン完全マスター』は、過去の試験問題の分析結果をふまえ、合格のために必要な項目を網羅し、詳細な解説や資料を掲載しています。より確実な知識獲得のために、本書との併読をお勧めします。

ソムリエ、ワインアドバイザー、ワインエキスパート呼称資格試験の概要

試験概要

社団法人 日本ソムリエ協会 (J.S.A.) によるソムリエ、ワインアドバイザー、ワインエキスパート呼称資格試験は、年に1回開催されています。試験は、一次試験(筆記試験)と、二次試験(口頭試問、利き酒。ソムリエの場合は、さらにサービス実技)からなり、受験者の職種により受験可能な呼称資格が異なります。

受験資格

ソムリエ、ワインアドバイザー：ソムリエは酒類を扱う飲食店サービス業に5年以上、アドバイザーは酒類製造・販売など流通業や教育機関に3年以上従事し、現在も継続していること。
ワインエキスパート：20歳以上であれば職種、経験は不問。
※試験や受験資格、申し込みなどの詳細は、日本ソムリエ協会のホームページを参照してください。
http://sommelier.jp/

試験当日までの流れと学習計画

時期	流れ	詳細
4月下旬～7月上旬 (募集要項配布期間)	試験要項を取り寄せ、受験申し込みを行う	日本ソムリエ協会のホームページから請求可能。申し込み手続きが完了すると、受験票と『日本ソムリエ協会 教本』、『DVD教材』が送られてきます。
	今年度の出題範囲をチェックする	例年は送付されてきた『教本』の中に、試験範囲を示した用紙が添付されています。出題範囲は、日本ソムリエ協会のホームページでも確認できるはずです(6月頃から)。
	一次試験対策期間	一次試験直前に行われていた「基本技術講習会」が2009年からなくなり、その代わりとして『DVD教材』が配布されるようになりました。よって、とくに出題範囲を中心にこのDVDをしっかり見るのはもちろんのこと、『教本』や本書の「一次試験対策講座」、また本書に掲載されていない出題範囲は姉妹書『チェック＆スタディ 30日間ワイン完全マスター』で、要点をつかみましょう。
8月下旬	一次試験	合否通知は、例年、試験より10日から2週間程度で届きます。
	二次試験対策期間	本書の「二次試験対策講座」を参考に、効率よく学習しましょう。
9月下旬～10月上旬	二次試験	合否通知は、例年、試験日より10日から2週間程度で届きます。

一次、二次試験の内容

一次試験

一次試験はマークシート式回答の筆記試験で、2009年度は70問の出題でした(それ以前は100問)。合格ラインは正式発表されていませんが、おおむね7割程度の正解率で一次試験合格となるようです。

2009年度は右記の項目が出題されました。太字の項目は例年同程度の比率で出題される必出のもので、細字部分は年により出題されない場合もあります。

二次試験

二次試験は、口頭試問と利き酒(テイスティング)です。ソムリエの場合はさらにサービス実技が加わります。口頭試問と利き酒試験については、P111～115の「二次試験対策講座」に詳細を掲載しています。

一次試験の出題分布

2009年の出題分布	出題数
公衆衛生、食品保健	6
酒類概論(うちワイン6、その他の酒類4)	10
フランス(うちボルドー3、ブルゴーニュ3)	15
ドイツ	5
イタリア	7
スペイン	4
ハンガリー	2
ブルガリア	2
アメリカ	5
アルゼンチン	2
オーストラリア	4
日本	2
購入、管理、販売	1
ワインの鑑賞	1
料理との相性(うちフランス2、イタリア1)	3
サービス	1

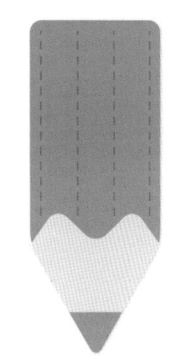

一次試験対策講座

Tasting
Workbook
for
Your Wine Skills

一次試験の出題範囲は、主要なワイン生産地の知識を問う問題を中心に、ワイン自体だけでなく、サービスや販売にかかわることまで幅広く出題されます。ここでは、テイスティングを通じて学ぶことのできる内容に絞って学習していきます。そしてまず最初の2つのレッスンでは、テイスティングの基本について学びましょう。

Lesson 1

白ワインのテイスティング

白ワインと一言でくくっても、産地や品種により、その風味はさまざま。
まずは、フランスの白ワイン4種類を比較しながら、自分自身の中に『白ワインの基準』を作ってみましょう。
代表的な4品種の特徴を、おさえていきます。

A ミュスカデ
ミュスカデ・セーヴル・エ・メーヌ

ミュスカデ・セーヴル・エ・メーヌ シュール・リー プティ・ムートン
ドメーヌ・グラン・ムートン
Muscadet Sèvre et Maine Sur Lie Petit Mouton／Domaine Grand Mouton

相性のよい
地方料理
は？

Memo

外観

香り

味わい

合う料理

B ソーヴィニヨン・ブラン
サンセール

サンセール・ル・シェーヌ・マルシャン
ドメーヌ・リュシアン・クロシェ
Sancerre le Chêne Marchand／Lucien Crochet

合わせる
チーズは？

Memo

外観

香り

味わい

合う料理

10

ここに気をつけて、テイスティング！

- ☐ 色調、色の濃淡、粘性、清澄度をチェック。
- ☐ まず果実の香りを探してみよう。
- ☐ それ以外の香りは？　香りの複雑性や強弱は？
- ☐ アタック、果実味、酸味、ボリューム、余韻は？

C アルザス・リースリング
リースリング

D マコン・ヴィラージュ
シャルドネ

アルザス・リースリング
ヒューゲル・エ・フィス
Alsace Riesling／Hugel et Fils

マコン・ヴィラージュ・グランジュ・マニアン
ルイ・ジャド
Mâcon-Villages Grange Magnien／Louis Jadot

相性のよい地方料理は？

相性のよい地方料理は？

合わせるチーズは？

Memo
- 外観
- 香り
- 味わい
- 合う料理

Memo
- 外観
- 香り
- 味わい
- 合う料理

白ワインのテイスティング

学習のポイント

テイスティングでは、主観を捨て、ワインを客観的に観察することが重要。そのためには、まずは自分の中に基準となるワインを叩き込み、常にその基準と比較しながらテイスティングに臨むことが大切です。

1 外観

□ 濃淡

淡 ←……………………………………→ 濃
若い ←――――――――――→ 熟成
冷涼地 ←――――――――――→ 温暖地

□ 色調

ペールグリーン・黄緑色・黄色・黄金色・黄褐色・茶褐色
若い ←―――――――――――→ 熟成
※同品種の場合

□ 清澄度

一般的に健全なワインは、澄んで透明感がありますが、醸造工程においてノンフィルターで瓶詰めした場合などは、やや濁った印象になることも。

□ 粘性

ディスク(グラスに注いだ時の表面の厚み)やレッグス(グラスを斜めに傾けてから、戻した時、グラスの内側を伝う跡)により、粘性を判断。暑い産地でアルコール度数が高いワインや甘口ワインでは、アルコールやグリセリンの含有量が高いため、ディスクが厚く、レッグスが多くなります。

低 ←……………………………………→ 高
冷涼地 ←――――――――――→ 温暖地
低 ←―――― アルコール度数 ――――→ 高

A ミュスカデ
ミュスカデ・セーヴル・エ・メーヌ

際立つ鋭い酸が特徴。
シュール・リーにより、
イースト的な香りも!

試飲ワイン選びのポイント
フランス・ロワール地方、ペイ・ナンテ地区のミュスカデ。シュール・リー製法を用いているもの。
1,500〜2,000円程度。

ミュスカデ・セーヴル・エ・メーヌ・シュール・リー・プティ・ムートン ドメーヌ・グラン・ムートン
Muscadet Sèvre et Maine Sur Lie Petit Mouton / Domaine Grand Mouton

外観●淡いグリーンがかった黄色。粘性はやや弱め。清澄度良好。
香り●ボリュームやや弱め。比較的シンプル。ライム、青リンゴ、白い花、ミネラル、ほのかにイーストの香り。
味わい●ドライで爽快なアタック。やや控えめだが新鮮な果実味。鋭く引き締まった酸がとても多い。ミネラル感もあり。キレのよいライトボディの辛口白ワイン。余韻は短め。
品種●ミュスカデ
アルコール度数●12%
合わせる料理●生牡蠣
相性のよい地方料理●ブロシェ・オ・ブール・ナンテ(川かます、ブールナンテ)

◀ *Brochet au Beurre Nantais*

B ソーヴィニヨン・ブラン
サンセール

グレープフルーツ的な爽快な
果実味、酸味、ほろ苦味。
ほのかに青草のニュアンスも。

試飲ワイン選びのポイント
フランス・ロワール地方、サントル・ニヴェルネ地区のACサンセールもしくはACプイィ・フュメ。
3,000〜4,000円程度。

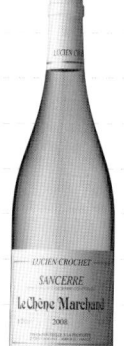

サンセール・ル・シェーヌ・マルシャン ドメーヌ・リュシアン・クロシェ
Sancerre le Chêne Marchand / Lucien Crochet

外観●淡めのグリーンがかった黄色。粘性は中程度。清澄度良好。
香り●ボリューム中程度。グレープフルーツ、青リンゴ、白い花、ミネラル、フレッシュハーブの香り。
味わい●爽快で上品なアタック。フレッシュな果実味に、鋭く引き締まった酸とミネラルが多く存在し、しなやか。後味にグレープフルーツの皮的なほのかな苦味。キレのよいミディアムボディの辛口白ワイン。余韻は中程度。
品種●ソーヴィニヨン・ブラン
アルコール度数●13%
合わせる料理●スモークサーモン、グレープフルーツとタコのマリネ
合わせるチーズ●クロタン・ド・シャヴィニョール、サント・モール・ド・トゥーレーヌ、ヴァランセ(ロワール地方、シェーヴル)

② 香り

☐ **強弱**

弱 ●●●●●●●●●●●●●●●●●●●●●●●● 強
冷涼地 ←　　　　　※同品種の場合　　　　　→ 温暖地

☐ **具体的な香りの要素**

❶ まずは果実の香りを探しましょう。
その果実の香りがどのあたりの位置付けかを確認。

酸味 ●●●●●●●●●●●●●●●●●●●●●●●● 甘味
柑橘・リンゴ・ナシ・桃・トロピカルフルーツ
冷涼地 ←　　　　　※同品種の場合　　　　　→ 温暖地

❷ その他の香りを探す。植物、鉱物、スパイス、ナッツ類など。

☐ **複雑性** 香りの要素の多少

香りの要素が少ない ●●●●●●●●●●●● 香りの要素が多い
シンプルなワイン ←　　　　　　　　　　→ 複雑なワイン

③ 味わい

☐ **アタック**
口に含んだ時の第一印象。爽快、柔和など。

☐ **果実味**

フレッシュ ●●●●●●●●●●●●●●●●●●●●●● 凝縮
冷涼地 ←　　　　　　　　　　　　　　　→ 温暖地

☐ **酸味**

細く鋭い ●●●●●●●●●●●●●●●●●●●● 太く穏やか
冷涼地 ←　　　　　※同品種の場合　　　　　→ 温暖地

☐ **ボディ**
「軽い」「中程度」「重い」のどのあたりかを確認。品種によりボディは異なります。

軽い ●●●●●●●●● 中程度 ●●●●●●●●● 重い
ライトボディ ←→ ミディアムボディ ←→ フルボディ

☐ **その他**
ミネラル、アルコール度数など、ワインに含まれる要素を確認。

☐ **甘辛度** 後味の残糖分

なし ●●●●●●●●●●●●●●●●●●●●●●●● あり
辛口 ←　　　　　　　　　　　　　　　　→ 甘口

☐ **余韻**

短い ●●●●●●●●●●●●●●●●●●●●●●●● 長い
カジュアルなワイン ←　　　　　　　→ 上質なワイン

リースリング

C アルザス・リースリング

蜜のような華やかな香りと、
口内が冷たくなるような
ミネラル感が特徴。

試飲ワイン選びのポイント
フランス・アルザス地方のACアルザス・リースリング。
2,000〜3,000円程度。

アルザス・リースリング
ヒューゲル・エ・フィス
Alsace Riesling／Hugel et Fils

外観●やや淡めの黄色。粘性は中程度。清澄度良好。
香り●ボリューム中程度。リンゴ蜜、レモン、白い花、鉱物の香り。
味わい●なめらかで上品なアタック。フレッシュな果実味と、硬く引き締まった酸が大量に溶け込む。口内が冷たくなるような強いミネラル感。全体がしなやかに融合し、エレガントなライトミディアムボディの辛口白ワイン。余韻は中程度。
品種●リースリング
アルコール度数●12%
合わせる料理●白身魚のカルパッチョ、白身魚の塩焼き
相性のよい地方料理●キッシュ・ロレーヌ（キッシュのロレーヌ風）

◀ *Quiche Lorraine*

シャルドネ

D マコン・ヴィラージュ

品種固有の特徴が少ないのが、
シャルドネの特徴。
産地や醸造方法により表情が変化する。

試飲ワイン選びのポイント
フランス・ブルゴーニュ地方、マコネ地区のACマコン・ヴィラージュやACサン・ヴェランなどの白ワイン。できればステンレスタンクのみの醸造で、樽を使っていないもの。2,000〜3,000円程度。

マコン・ヴィラージュ・グランジュ・マニアン
ルイ・ジャド
Mâcon-Villages Grange Magnien／Louis Jadot

外観●やや淡めの黄色。粘性は中程度。清澄度良好。
香り●ボリューム中程度。リンゴや洋ナシのコンポート、白い花の蜜、ミネラルの香り。
味わい●柔和なアタック。適度に凝縮した果実味の内部に、引き締まった酸とミネラルが融合。全体のバランスが取れ、ふっくらと丸みをもった印象。ミディアムボディの辛口白ワイン。余韻は中程度。
品種●シャルドネ
アルコール度数●12.5%
合わせる料理●魚のムニエル、シーフードグラタン
相性のよい地方料理●エスカルゴ・ア・ラ・ブルギニョンヌ（ブルゴーニュ風エスカルゴの殻焼き）、ジャンボン・ペルシエ（ハムとパセリのゼリー寄せ）
合わせるチーズ●マコネ（ブルゴーニュ地方、シェーヴル）

◀ *Jambon Persillé*

Lesson 2 赤ワインのテイスティング

Lesson1白ワインのテイスティングに引き続き、今回は代表的な黒ブドウ4品種の特徴をつかむため、基準となるフランスの赤ワイン4種類を比較テイスティング。自分自身の中に『赤ワインの基準』を作ってみましょう。

A ガメイ ボージョレ・ヴィラージュ

ボージョレ・ヴィラージュ
ジョゼフ・ドルーアン
Beaujolais-Villages／Joseph Drouhin

B ピノ・ノワール メルキュレ

メルキュレ
ブシャール・ペール・エ・フィス
Mercurey／Bouchard Père & Fils

相性のよい地方料理は？

Memo
外観

香り

味わい

合う料理

Memo
外観

香り

味わい

合う料理

Check! ここに気をつけて、テイスティング！

- □ 色調、色の濃淡、粘性、清澄度をチェック。
- □ まず果実の香りを探してみよう。
- □ それ以外の香りは？　香りの複雑性や強弱は？
- □ アタック、果実味、酸味、渋味、ボリューム、余韻は？

C　シラー
サン・ジョセフ

サン・ジョセフ・デシャン
M.シャプティエ
Saint-Joseph Deschants／M.Chapoutier

合わせるチーズは？

Memo

外観

香り

味わい

合う料理

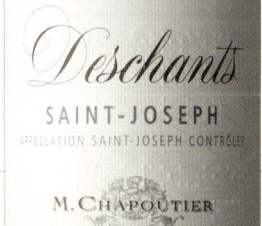

D　カベルネ・ソーヴィニヨン主体
オー・メドック

シャトー・シサック
Château Cissac

相性のよい
地方料理
は？

合わせる
チーズは？

Memo

外観

香り

味わい

合う料理

15

赤ワインのテイスティング

学習のポイント

基本的には、白ワインのテイスティングと同様の項目を外観、香り、味わいごとに観察していきます。外観の濃淡は、白ワインとは逆で若いうちは濃色、熟成により徐々に淡色へと変化します。さらに赤ワインは、味わいの部分で『渋味』の存在も認識しましょう。

① 外観

□ 濃淡

濃 ●●●●●●●●●●●●●● 淡
若い ←————————→ 熟成
温暖地 ←——※同品種の場合——→ 冷涼地

□ 色調

・青紫色 ・赤紫色 ・赤 ・オレンジを帯びた赤 ・褐色を帯びた赤 ・茶褐色
黒ブドウの皮 ルビー色   ガーネット色   レンガ色
そのものの色
若い ←————————※同品種の場合————————→ 熟成

□ 粘性

低 ●●●●●●●●●●●●●● 高
低 ←———アルコール度数———→ 高

アルコール度数が高いワインや甘口ワインでは、アルコールやグリセリンの含有量が高いため、ディスクが厚く、レッグスが多くなります。

□ 清澄度

一般的に健全なワインは澄んでいますが、醸造工程においてノンフィルターで瓶詰めした場合などは、やや濁った印象になることも。

A ボージョレ・ヴィラージュ（ガメイ）

イチゴの香りが特徴。
渋味が少なく軽快。
やや冷やして飲みたい！

試飲ワイン選びのポイント
フランス・ブルゴーニュ地方、ボージョレ地区のACボージョレ・ヴィラージュ。
1,500〜2,500円程度。

**ボージョレ・ヴィラージュ
ジョゼフ・ドルーアン**
Beaujolais-Villages／Joseph Drouhin

外観●淡め、透明感ある紫色。粘性中程度。清澄度良好。
香り●ボリューム中程度。イチゴ、ブルーベリー、スミレの花の香り。比較的シンプルだが、クリーンな香り
味わい●軽快なアタック。フレッシュな果実味、若々しい酸がやや多め。渋味は少ない。ジューシーでチャーミング、ライトボディの赤ワイン。余韻はやや短め。
品種●ガメイ
アルコール度数●12.5％
合わせる料理●ハンバーグ、カツオのたたき
相性のよい地方料理●ジャンボン・ペルシエ（ハムとパセリのゼリー寄せ）

◀ Jambon Persillé

B メルキュレ（ピノ・ノワール）

透明感と照り、輝きのある色調。
甘酸っぱい赤系果実の香りや、
酸を多く含む上品なボディが特徴。

試飲ワイン選びのポイント
フランス・ブルゴーニュ地方、コート・シャロネーズ地区の赤ワイン。
ACメルキュレ、ACリュリー、ACジヴリーなど。
3,000〜4,000円程度。

**メルキュレ
ブシャール・ペール・エ・フィス**
Mercurey／Bouchard Père & Fils

外観●淡め、透明感、照り、輝きのあるルビー色。粘性中程度。清澄度良好。
香り●ボリューム中程度。ラズベリー、チェリー、梅の甘露煮、スミレの花、ミネラルの香り。
味わい●なめらかなアタック。フレッシュな果実味。引き締まった酸とミネラルが多く、果実味に溶け込む。渋味は少なめ。全体が上品にまとまり、しなやかなミディアムボディの赤ワイン。余韻は中程度。
品種●ピノ・ノワール
アルコール度数●13％
合わせる料理●鶏肉の赤ワイン煮、サバのソテー

② 香り

□ 強弱
弱 •••••••••••••••••••••• 強
冷涼地 ← ※同品種の場合 → 温暖地

□ 具体的な香りの要素
❶ まずは果実の香りを探しましょう。
どのあたりの果実の香りがあるか、また、その香りがフレッシュな果実香か、ジャムなど濃縮感ある果実香かも確認。

酸味の強い赤系果実	甘味の強い黒系果実
イチゴ、ラズベリー、赤スグリなど	ダークチェリー、ブラックベリー、カシス、プルーンなど
冷涼地 ←	→ 温暖地

❷ その他の香りを探す。
植物、鉱物、土、スパイス、ナッツ類、カカオ、なめし皮など。

□ 複雑性　香りの要素の多少
香りの要素が少ない •••••••••••• 香りの要素が多い
シンプルなワイン ← → 複雑なワイン

③ 味わい

□ アタック
口に含んだ時の第一印象。爽快、柔和など。

□ 果実味
フレッシュ •••••••••••••••••••••• 凝縮
冷涼地 ← → 温暖地

□ 酸味
細く鋭い •••••••••••••••••••••• 太く穏やか
冷涼地 ← ※同品種の場合 → 温暖地

□ 渋味
赤ワインの場合、ブドウの種や皮も一緒に発酵するため、渋味が存在。ブドウ品種により渋味の量は異なり、また熟成具合により渋味の質感が変わります。

収斂性のある渋味 •••••••••••••••• 溶けたタンニン
若い ← → 熟成

□ ボディ
「軽い」「中程度」「重い」のどのあたりかを確認。品種によりボディは異なります。

軽い •••••••• 中程度 •••••••• 重い
ライトボディ ← → ミディアムボディ ← → フルボディ

□ その他
ミネラル、アルコール度数など、ワインに含まれる要素を確認。

□ 余韻
短い •••••••••••••••••••••• 長い
カジュアルなワイン ← → 上質なワイン

C　シラー
サン・ジョセフ

スミレの花、黒コショウ、
鉄の香りが特徴。
味わいもスパイシーでワイルド！

試飲ワイン選びのポイント
フランス・コート・デュ・ローヌ地方北部の赤ワイン。
ACサン・ジョセフ、ACクローズ・エルミタージュなど。
3,000～4,000円程度。

サン・ジョセフ・デシャン
M.シャプティエ
Saint-Joseph Deschants／M.Chapoutier

外観●やや濃い赤紫色。粘性はやや高め。清澄度良好。
香り●ボリューム中程度～やや大きめ。ダークチェリー、紫色のプラム、スミレの花、黒オリーブ、鉄、黒コショウの香り。複雑な香り。
味わい●しなやかなアタック。凝縮した果実味。酸はやや多めで、存在感あり。細やかな渋味が多く収斂性あり。緻密でなめらかながら、スパイシーで、野性的。フルボディの赤ワイン。余韻はやや長め。
品種●シラー
アルコール度数●13%
合わせる料理●タルタルステーキ、レバーのソテー
合わせるチーズ●リヴァロ（ノルマンディー地方、ウォッシュ／牛乳）、ブリ・ド・ムラン（イル・ド・フランス地方、白カビ／牛乳）

D　カベルネ・ソーヴィニヨン主体
オー・メドック

樽の甘香ばしさと、黒系果実、
かすかに青野菜の香り漂うのが
ボルドー産の特徴。

試飲ワイン選びのポイント
フランス・ボルドー地方、メドック地区の赤ワイン。
カベルネ・ソーヴィニヨン主体クリュ・ブルジョワクラス。ACオー・メドックなど。
3,500～4,500円程度。

シャトー・シサック
Château Cissac

外観●濃いガーネットがかった赤色。粘性は中～やや高め。清澄度良好。
香り●ボリューム中～やや大きめ。クレーム・ド・カシス、ダークチョコ、湿った土、枯れ葉、なめし皮、わずかに青野菜（ピーマン）的。複雑な香り。
味わい●しっとりとしたアタック。凝縮した果実味。細やかな酸がしっかりと存在。渋味も多く、収斂性あり。ボリューム感があり、各要素のバランスよく、複雑な味わい。フルボディの赤ワイン。余韻は長め。
品種●カベルネ・ソーヴィニヨン主体
アルコール度数●12.5%
合わせる料理●和牛の網焼き、すき焼き
相性のよい地方料理●アントルコート・ボルドレーズ（牛ロース、ボルドー風）
合わせるチーズ●リヴァロ（ノルマンディー地方、ウォッシュ／牛乳）、ロックフォール（ラングドック地方、青カビ／羊乳）

◀ Entrecôte Bordelaise

Lesson 3

産地による風味の違い

同品種のブドウでも、育つ環境（テロワール）により香りや味わいは異なり、できるワインも各産地の特徴を反映した風味に仕上がります。基準となるフランスワインと、同品種他産地のワインとを比較してみましょう。

A　フランス・ロワール地方
サンセール

サンセール・ル・シェーヌ・マルシャン
ドメーヌ・リュシアン・クロシェ
Sancerre le Chêne Marchand／Domaine Lucien Crochet

B　チリ
ソーヴィニヨン・ブラン

ソーヴィニヨン・ブラン・レゼルバ
コノ・スル
Sauvignon Blanc Reserva／Cono Sur

合わせるチーズは？

Memo
外観

香り

味わい

合う料理

Memo
外観

香り

味わい

合う料理

> ### ここに気をつけて、テイスティング！
>
> ☐ AとBの品種はソーヴィニヨン・ブラン、CとDはピノ・ノワール。白、赤ワインともに、産地違いの比較です。
> ☐ 2種類のワインの外観、香り、味わいをそれぞれ比較。
> ☐ 共通点は、品種由来の特徴。相違点は、テロワールの個性です。

C チリ ピノ・ノワール

ピノ・ノワール・レゼルバ
コノ・スル
Pinot Noir Reserva／Cono Sur

Memo
外観

香り

味わい

合う料理

D フランス・ブルゴーニュ地方 ブルゴーニュ

ブルゴーニュ
ジョゼフ・ドルーアン
Bourgogne／Joseph Drouhin

Memo
外観

香り

味わい

合う料理

産地による風味の違い

学習のポイント

- ブドウ栽培の可能なエリアが、ワインの産地。世界地図では、2つの帯の中に入るエリア（北緯30〜50度、南緯20〜40度）が、ブドウ栽培可能な地域です。
- ブドウは、つる性の多年性植物。ブドウ栽培に必要な条件（平均気温、年間降雨量、日照量など）や、年間の生育サイクルを確認しましょう。
- ワイン用のブドウは、基本的に欧州、中東系のヴィティス・ヴィニフェラ種が大半です。
- 同品種で他産地の場合、冷涼な産地では酸が強く、鋭く、引き締まった印象に。温暖な産地では、果実の凝縮感が強く、ボリュームある印象になります。

A フランス・ロワール地方 サンセール

グレープフルーツのような
爽快な果実味、酸味、ほろ苦味。
ほのかに青草のニュアンスも。

試飲ワイン選びのポイント
フランス・ロワール地方、サントル・ニヴェルネ地区の
ACサンセールもしくはACプイィ・フュメ。
3,000〜4,000円程度。

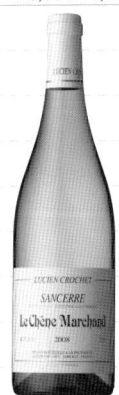

**サンセール・ル・シェーヌ・マルシャン
ドメーヌ・リュシアン・クロシェ**
Sancerre le Chêne Marchand／Domaine Lucien Crochet

外観●淡めのグリーンがかった黄色。粘性は中程度。清澄度良好。
香り●ボリューム中程度。グレープフルーツ、青リンゴ、白い花、ミネラル、フレッシュハーブの香り。
味わい●爽快で上品なアタック。フレッシュな果実味に、鋭く引き締まった酸とミネラルが多く存在し、しなやか。後味にグレープフルーツの皮的なほのかな苦味。キレのよいミディアムボディの辛口白ワイン。余韻は中程度。
品種●ソーヴィニヨン・ブラン
アルコール度数●13%
合わせる料理●スモークサーモン、グレープフルーツとタコのマリネ
合わせるチーズ●クロタン・ド・シャヴィニョール、サント・モール・ド・トゥーレーヌ、ヴァランセ（ロワール地方、シェーヴル）

B チリ ソーヴィニヨン・ブラン

最近の新世界は、クリーンなスタイルが主体。
ロワールより酸の質がやや太く、
青っぽさが少ないのが特徴。

試飲ワイン選びのポイント
チリ、アルゼンチン、南アフリカなど、温暖なニューワールドの
ソーヴィニヨン・ブラン。
1,000〜2,000円程度。

**ソーヴィニヨン・ブラン・レゼルバ
コノ・スル**
Sauvignon Blanc Reserva／Cono Sur

外観●淡めのグリーンがかった黄色。粘性は中程度。清澄度良好。
香り●ボリューム中程度。パッションフルーツ、グースベリー、青リンゴ、白い花の香り。比較的シンプルだが、クリーンな印象。
味わい●爽快でなめらかなアタック。フレッシュさと、適度に凝縮感ある果実味。Aに比べると若干太めの酸が多く存在、ボディに溶け込む。後味にほのかな苦味。キレのよいミディアムボディの辛口白ワイン。余韻は中程度。
品種●ソーヴィニヨン・ブラン
アルコール度数●13.5%
合わせる料理●サーモングリル、白身魚のカルパッチョ

| 資料 | ブドウの栽培地域 |

年間平均気温
10〜20℃
の範囲

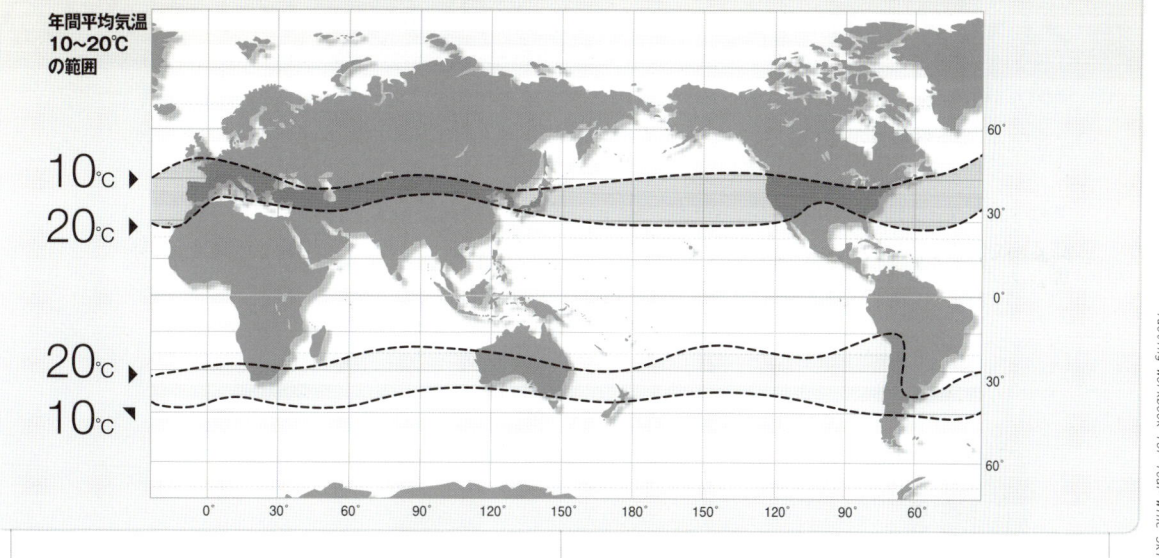

C チリ
ピノ・ノワール

ブルゴーニュより熟した甘い果実の香りが強め。果実のボリュームが目立ち、酸の質がやや太い。

試飲ワイン選びのポイント
チリ、オーストラリア、南アフリカなど、温暖なニューワールドのピノ・ノワール。
1,000〜2,000円程度。

ピノ・ノワール・レゼルバ コノ・スル
Pinot Noir Reserva／Cono Sur

外観●淡め、透明感、照り、輝きのあるルビー色。粘性はやや高め。清澄度良好。
香り●ボリュームやや大きめ。ダークチェリーや赤いプラムのコンポート、カカオ、スモーキーな香り。
味わい●なめらかなアタック。凝縮感とフレッシュ感の共存する果実味。若干太めの酸が多く存在、渋味はやや弱め。後味にはほのかなスパイシーさ、アルコールが高めの印象。果実味と酸のメリハリのある、フルーティーなミディアムフルボディ。余韻は中程度。
品種●ピノ・ノワール
アルコール度数●14%
合わせる料理●鶏肉の赤ワイン煮、ハムのソテー

D フランス・ブルゴーニュ地方
ブルゴーニュ

鋭い酸と強いミネラル分を内在したエレガントさが、ブルゴーニュのピノ・ノワールの真髄。

試飲ワイン選びのポイント
ACブルゴーニュ。
2,500〜3,500円程度。

ブルゴーニュ ジョゼフ・ドルーアン
Bourgogne／Joseph Drouhin

外観●淡め、透明感、照り、輝きのあるルビー色。粘性は中程度。清澄度良好。
香り●ボリューム中程度。ラズベリー、ブルーベリー、スミレの花、ミネラルの香り。
味わい●若々しくなめらかなアタック。フレッシュな果実味。しなやかで引き締まった酸とミネラルが多く存在。渋味はやや弱め。みずみずしく、フルーティなミディアムボディ。余韻は中程度。
品種●ピノ・ノワール
アルコール度数●12.5%
合わせる料理●スモークチキン、エスカルゴのブルゴーニュ風

Lesson 4

ボディによる風味の違い

ブドウ品種、テロワール、醸造方法などの違いにより、軽快で細身のライトボディから、重厚で複雑味のあるフルボディまで、さまざまなスタイルのワインが存在します。実際に、白、赤ワイン2種類ずつを比較して、その違いを体感してみましょう。

A フランス・ブルゴーニュ地方
シャルドネ（シャブリ）

シャブリ・ラ・キュヴェ・デパキ
アルベール・ビショー
Chablis la Cuvée Depaquit／Albert Bichot

B アメリカ・カリフォルニア州
シャルドネ

ヴィントナーズ・リザーヴ・シャルドネ
ケンダル・ジャクソン
Vintner's Reserve Chardonnay／Kendall-Jackson

相性のよい
地方料理
は？

Memo
外観

香り

味わい

合う料理

Memo
外観

香り

味わい

合う料理

ここに気をつけて、テイスティング！

- □ 白、赤ワイン各2種類で、外観、香り、味わいを比較。
- □ 品種個性が少ないシャルドネのワインは、テロワールや醸造方法の違いが明確に表れます。
- □ 赤ワインでは、ライトボディの代表ガメイと、フルボディの代表カベルネ・ソーヴィニヨンの特徴を確認。

C フランス・ブルゴーニュ地方
ガメイ（ボージョレ・ヴィラージュ）

ボージョレ・ヴィラージュ
ジョゼフ・ドルーアン
Beaujolais-Villages / Joseph Drouhin

D アメリカ・カリフォルニア州
カベルネ・ソーヴィニヨン

ヴィントナーズ・リザーヴ・カベルネ・ソーヴィニヨン
ケンダル・ジャクソン
Vintner's Reserve Cabernet Sauvignon / Kendall-Jackson

相性のよい地方料理は？

Memo
外観

香り

味わい

合う料理

Memo
外観

香り

味わい

合う料理

ボディによる風味の違い

学習のポイント

□ ワインとは、原料のブドウを用い、アルコール発酵により造られた醸造酒。アルコール発酵とは、糖分が酵母の働きによりアルコールと二酸化炭素になる代謝活動です。ワインの原料はブドウのみのため、品種や産地のテロワールにより、風味の多様性が生まれます。

$$糖分 \rightarrow アルコール + 二酸化炭素$$
$$\uparrow$$
$$酵母$$

□ 白ワインは雑味なく繊細に仕上げるため、果汁のみを発酵。一方、赤ワインは、渋味や色素を抽出するために、皮や種も一緒に発酵します。

□ 発酵や熟成の容器、期間などによっても、スタイルの違いが生まれます。

A フランス・ブルゴーニュ地方
シャルドネ（シャブリ）

**冷涼地ならではの鋭い酸、
テロワール由来のミネラルにより、
きりりと引き締まった細身のボディ。**

試飲ワイン選びのポイント
フランス・ブルゴーニュ地方、シャブリ地区のACシャブリ。
2,500～3,500円程度。

シャブリ・ラ・キュヴェ・デパキ
アルベール・ビショー
Chablis la Cuvée Depaquit／Albert Bichot

外観●淡め、グリーンがかった黄色。粘性中程度。清澄度良好。
香り●ボリュームやや少なめ。ライム、青リンゴ、白い花、火打石の香り。比較的シンプルだが、クリーンな香り。
味わい●はつらつとしたアタック。フレッシュな果実味。若々しく鋭い酸とミネラルがとても多く、硬質に引き締まる。キレのよい、ライトボディの辛口白ワイン。余韻はやや短め。
品種●シャルドネ
アルコール度数●12.5％
合わせる料理●生牡蠣、白身魚の刺身
相性のよい地方料理●エスカルゴ・ア・ラ・ブルギニョンヌ（ブルゴーニュ風エスカルゴの殻焼き）

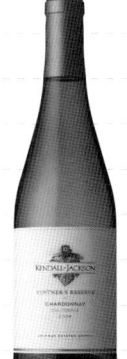
◀ *Escargots à la Bourguignonne*

B アメリカ・カリフォルニア州
シャルドネ

**温暖地ならではの
果実のボリューム感と酸の質、
樽熟成由来の香りや厚みにも注目。**

試飲ワイン選びのポイント
アメリカ、オーストラリア、チリなど、温暖なニューワールドのシャルドネで、樽熟成しているもの。
2,000～3,000円程度。

ヴィントナーズ・リザーヴ・シャルドネ
ケンダル・ジャクソン
Vintner's Reserve Chardonnay／Kendall-Jackson

外観●中程度の濃さ、輝きのある若干緑がかった黄色。粘性高め。清澄度良好。
香り●ボリュームやや大きめ。洋ナシのコンポート、パイナップル、シトラス、花、ローストナッツの香り。
味わい●なめらかなアタック。凝縮感のある果実味。シャブリに比べると、やや太いが若々しい酸が中程度にバランスよく存在。適度な香ばしさも融合。全体がまろやかで膨らみのあるフルボディの辛口白ワイン。余韻はやや長め。
品種●シャルドネ
アルコール度数●13.5％
合わせる料理●鶏肉のクリーム煮、鮭のムニエル

資料　基本的な醸造方法

白ワインの基本的な醸造方法

収穫 → 除梗 → 破砕 → 発酵 → 熟成 → 瓶詰め

（破砕から）プレス → 皮・種を分離

（熟成後）澱引き　清澄　濾過

赤ワインの基本的な醸造方法

収穫 → 除梗 → 破砕 → 発酵 → 醸し → プレス → 熟成 → 瓶詰め

（プレス）皮・種を分離

（熟成後）澱引き　清澄　濾過

C　フランス・ブルゴーニュ地方
ガメイ（ボージョレ・ヴィラージュ）

イチゴの香りが特徴。
渋味が少なく軽快。
やや冷やして飲みたい！

試飲ワイン選びのポイント
フランス・ブルゴーニュ地方、ボージョレ地区のACボージョレ・ヴィラージュ。1,500〜2,500円程度。

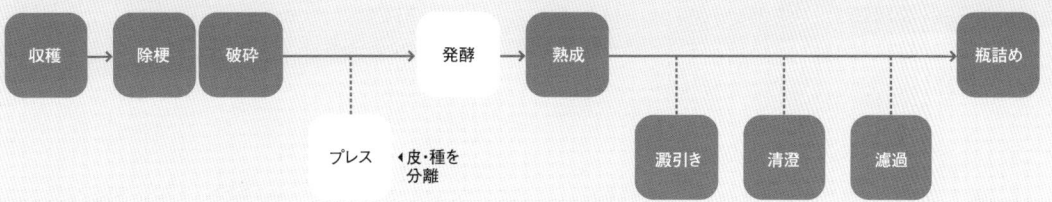

**ボージョレ・ヴィラージュ
ジョゼフ・ドルーアン**
Beaujolais-Villages / Joseph Drouhin

外観●淡め、透明感ある紫色。粘性中程度。清澄度良好。
香り●ボリューム中程度。イチゴ、ブルーベリー、スミレの花の香り。比較的シンプルだが、クリーンな香り。
味わい●軽快なアタック。フレッシュな果実味、若々しい酸がやや多め。渋味は少ない。ジューシーでチャーミング、ライトボディの赤ワイン。余韻はやや短め。
品種●ガメイ
アルコール度数●12.5％
合わせる料理●ハンバーグ、カツオのたたき
相性のよい地方料理●ジャンボン・ペルシエ（ハムとパセリのゼリー寄せ）

◀ *Jambon Persillé*

D　アメリカ・カリフォルニア州
カベルネ・ソーヴィニヨン

完熟黒系果実の香りが特徴。
品種特性プラス温暖なテロワールの影響で
果実味、渋味が多く重厚。

試飲ワイン選びのポイント
アメリカ、オーストラリア、チリなど温暖なニューワールドのカベルネ・ソーヴィニヨン。2,000〜3,000円程度。

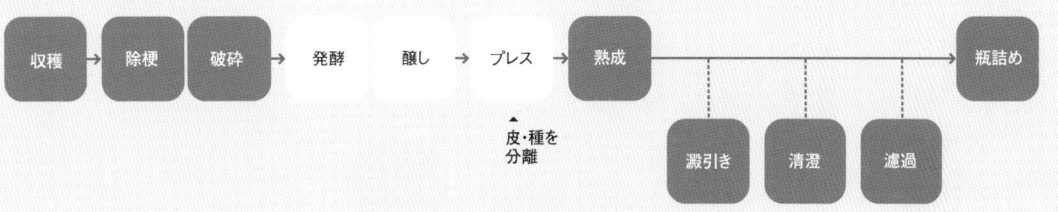

**ヴィントナーズ・リザーヴ・
カベルネ・ソーヴィニヨン
ケンダル・ジャクソン**
Vintner's Reserve Cabernet Sauvignon / Kendall-Jackson

外観●濃い赤紫色。粘性高め。清澄度良好。
香り●ボリューム大きめ。ダークチェリーコンポート、クレーム・ド・カシス、バニラ、カカオの香り。
味わい●パワフルなアタック。凝縮感のある果実味、柔らかい酸は中程度に存在し、バランス良好。渋味は多いが、角が丸く細やかに果実味に溶け込んでいる。ボリューム感、複雑味のあるフルボディの赤ワイン。余韻はやや長め。
品種●カベルネ・ソーヴィニヨン主体
アルコール度数●13.5％
合わせる料理●豚肩ロースのロースト、牛肉のステーキ

Lesson 5

ロゼとスパークリング

前回の白、赤ワイン同様、ロゼワインやスパークリングワインでも、
品種、テロワール、醸造方法により多様性が生まれます。
今回は、醸造方法による違いを、テイスティングを通じて感じてみましょう。

A 直接圧搾法
ホワイト・ジンファンデル

ホワイト・ジンファンデル
ベリンジャー・ヴィンヤーズ
White Zinfandel / Beringer Vineyards

B セニエ法
タヴェル・ロゼ

タヴェル・ロゼ
E. ギガル
Tavel Rosé / E.Guigal

Memo

外観

香り

味わい

合う料理

Memo

外観

香り

味わい

合う料理

Check! ここに気をつけて、テイスティング！

☐ ロゼワイン2種類では、色の濃淡、渋味、ボディ、甘辛度の違いをチェック。
☐ スパークリングワイン2種類は、泡の状態（量、口中での広がり方、持続性など）、香りの違いをチェック。

C シャルマ方式
プロセッコ

プロセッコ・コネリアーノ・ヴァルドッビアーデネ・ブリュット
ベッレンダ
Prosecco Conegliano Valdobbiadene Brut／Bellenda

Memo

外観

香り

味わい

合う料理

D トラディショナル方式
シャンパーニュ

ブリュット・アンペリアル
モエ・エ・シャンドン
Brut Impérial／Moët & Chandon

Memo

外観

香り

味わい

合う料理

27

ロゼとスパークリング

学習のポイント

- ロゼワインの原料は、基本的に黒ブドウ。果汁のみを発酵する直接圧搾法は、白ワイン的な製法。一方、種や皮とともに発酵をスタートさせ、数日後に液体を引き抜き、その液体をさらに発酵させるセニエ法は、半赤ワイン的な製法です。
- スパークリングワインは、2回アルコール発酵を行うのが特徴。二次発酵を密封容器で行うことで生じた二酸化炭素がワインに溶け込みますが、その方法や期間により、泡の状態や風味が異なります。
- フランスの代表的なロゼワイン、フランス、イタリア、スペインの代表的なスパークリングワインの産地、品種、製法を整理してみましょう。

A 直接圧搾法 ホワイト・ジンファンデル

直接圧搾法によるロゼは、渋味はなく軽快。
ホワイト・ジンファンデルは、
甘酸っぱくチャーミング。

試飲ワイン選びのポイント
アメリカ・カリフォルニア州のホワイト・ジンファンデル。
1,000〜1,500円程度。

ホワイト・ジンファンデル ベリンジャー・ヴィンヤーズ
White Zinfandel/Beringer Vineyards

外観●明るいサーモンピンク色。粘性弱め。清澄度良好。
香り●ボリュームやや控えめ。イチゴ、メロン、赤い花など植物の香り。比較的シンプル。
味わい●柔和なアタック。優しい甘酸っぱさ。フレッシュな果実味。柔らかい酸が中程度。ほのかにスパイシーさが溶けた、ライトボディのロゼワイン。アルコールは低めのやや甘口。余韻は短め。
品種●ジンファンデル
アルコール度数●10.5%
合わせる料理●タイ風生春巻、フルーツのコンポート

B セニエ法 タヴェル・ロゼ

セニエ法のロゼは、
赤ワインのような色の濃さ、
ほのかに存在する渋味がポイント。

試飲ワイン選びのポイント
フランス・コート・デュ・ローヌ地方のACタヴェルなどのロゼワイン。
2,000〜3,000円程度。

タヴェル・ロゼ E.ギガル
Tavel Rosé/E.Guigal

外観●ロゼとしては濃い色調。透明感のある赤色。粘性強め。清澄度良好。
香り●ボリュームやや控えめ。赤スグリ、イチゴのコンポート、ドライハーブ、スパイス、ミネラルの香り。
味わい●なめらかなアタック。適度な凝縮感のある果実味。酸はやや控えめ。ほのかに渋味が存在。白コショウ的なスパイシーさが強く存在。アルコールも高め。すっきりとキレのよい、ミディアムボディの辛口ロゼワイン。余韻は中程度。
品種●グルナッシュ主体
アルコール度数●13.5%
合わせる料理●煮豚、エビのチリソース

資料　ロゼワイン、スパークリングワインの製法

ロゼワインの製法

	製法の特徴
セニエ法	赤ワイン同様、皮や種とともにアルコール発酵を行い、1～2日ぐらい経過し、程よく色づいたところで、液体のみを引き抜きアルコール発酵を継続。色は濃いめで、ほのかに渋味がある。
直接圧搾法	黒ブドウを直接圧搾して、皮からの色素がほのかについた果汁を、白ワイン同様、アルコール発酵。皮や種との接触時間はないため、色が薄く、渋味もほとんどない。
混醸法	黒ブドウと白ブドウを合わせて醸造。ドイツのロートリングが代表的。

スパークリングワインの製法

	代表例	製法の特徴
トラディショナル方式	シャンパーニュ、フランチャコルタなど	蔗糖、酵母を加え、瓶内二次発酵。
シャルマ方式	アスティ・スプマンテなど	蔗糖、酵母を加え、タンク内二次発酵。
トランスファー方式		蔗糖、酵母を加え、瓶内二次発酵。澱ごと一度密閉タンクへ移し、まとめて澱引きを行った後、再度ボトルへワインを戻す。
メトード・リュラル	クレレット・ド・ディなど	一次発酵の際、糖分を残した状態で瓶詰めし、二酸化炭素を蓄積。田舎方式。蔗糖、酵母は加えていない。
炭酸ガス注入方式		人工的に炭酸ガスを注入。

C　プロセッコ
シャルマ方式

青リンゴやハーブ風味が爽やか！
シャルマ方式では、ブドウ本来の個性と、
ちりちりと弾ける軽快な泡が特徴。

試飲ワイン選びのポイント
イタリア・ヴェネト州のプロセッコ。
2,000～3,000円程度。

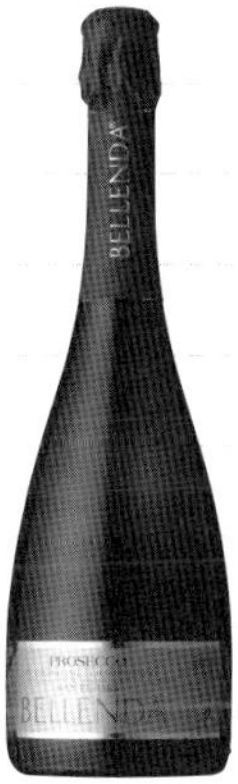

プロセッコ・コネリアーノ・ヴァルドッビアーデネ・ブリュット ベッレンダ
Prosecco Conegliano Valdobbiadene Brut / Bellenda

外観●淡めのグリーンがかった黄色。勢いのよい細やかな泡。
香り●ボリューム中程度。白い花、青リンゴ、干し草、ミネラルなど、清々しい香り。
味わい●細かい泡が、ちりちりと弾ける。爽快なアタック。フレッシュな果実味。若々しく柔らかい酸が中程度。後味でほのかにフレッシュハーブ風味のようなエグミ。軽快で清涼感漂う、キレのよいやや辛口のスパークリングワイン。余韻はやや短め。
品種●プロセッコ
アルコール度数●11.5%
合わせる料理●野菜や魚介のグリル、生ハム

D　シャンパーニュ
トラディショナル方式

ムース状に広がる泡とイースト風味が
トラディショナル方式の特徴。
シャンパーニュは酸とミネラルが豊富で繊細。

試飲ワイン選びのポイント
フランス・シャンパーニュ地方のスタンダードなシャンパーニュ・ブリュット。
5,000～6,000円程度。

ブリュット・アンペリアル モエ・エ・シャンドン
Brut Impérial / Moët & Chandon

外観●中程度の濃さ、輝きのあるシャンパンゴールド。細やかな泡が持続的に立ち上がる。
香り●ボリューム中程度。ローストナッツ、イースト、ブリオッシュ、白桃、オレンジコンポート、ライム、花の蜜、ミネラルの香り。
味わい●細やかな泡がムース状に口内に広がる。繊細な果実味、細やかな酸、ミネラルがとても多い。しなやかで清涼感あり、細身ながら、エレガント。キレのよい、やや辛口のスパークリングワイン。余韻は中程度。
品種●ピノ・ノワール、ピノ・ムニエ、シャルドネ
アルコール度数●12.5%
合わせる料理●グジェール、真鯛のカルパッチョ

Lesson 6

フランスワインの代表産地

全世界のワイン生産量1位をイタリアとともに競い合う、ワイン大国フランス。
世界各地で生産されるワインの学習も、フランスワインを基準にすれば、全体像が整理しやすくなります。
まずは、フランスの代表産地を理解しましょう。

A 北部産地／白
アルザス・リースリング

アルザス・リースリング
ヒューゲル・エ・フィス
Alsace Riesling／Hugel et Fils

相性のよい地方料理は？

Memo

外観

香り

味わい

合う料理

B 南部産地／白
リムー

リムー・トワベー・エ・オウモン
ジャン・クロード・マス
Limoux ⅢB & Auromon／Jean-Claude Mas

合わせるチーズは？

Memo

外観

香り

味わい

合う料理

ここに気をつけて、テイスティング！

- ☐ 各ワインの産地を、地図で確認。
- ☐ 北部の冷涼地と南部の温暖地との果実味、酸、ボディの違いは？
- ☐ フランス10大産地の位置、テロワールの特徴、おもなブドウ品種を確認。

C 北部産地／赤
ソーミュール・シャンピニィ

ソーミュール・シャンピニィ・ラ・ブルトニエール
ラングロワ・シャトー
Saumur-Champigny la Bretonnière／Langlois-Château

- 相性のよい地方料理は？
- 合わせるチーズは？

Memo

外観

香り

味わい

合う料理

D 南部産地／赤
コトー・デュ・ラングドック

コトー・デュ・ラングドック
シャトー・ポール・マス
Coteaux du Languedoc／Château Paul Mas

- 相性のよい地方料理は？
- 合わせるチーズは？

Memo

外観

香り

味わい

合う料理

フランスワインの代表産地

学習のポイント

- □ 右ページの地図を見ながら、まずはフランス10大産地の位置を確認。ブドウ栽培地は、河の周辺に広がることが多いので、河の名前もチェック。
- □ 10大産地を気候別に4つに区分してみましょう。

大陸性気候	冬寒く、雨少ない。	………	シャンパーニュ、ブルゴーニュ、ロワール河上流、ローヌ北部
海洋性気候	冬温和、夏比較的涼しい、やや雨が多い。	………	ボルドー、ロワール河下流
地中海性気候	夏暑く、冬温和。	………	ローヌ南部、ラングドック・ルーション、プロヴァンス・コルス
高山性気候	冬厳寒、夏短い、多雨、多雪	………	ジュラ・サヴォワ

- □ 各産地の特徴、ワインのスタイル、代表的なブドウ品種などを確認。
  - ・北部の冷涼な産地は、酸味が強く、繊細なスタイル。一般的には、単一品種、白ワイン比率が高い。
  - ・南部の温暖な産地は、果実味が強く、ボリューム感あるスタイル。一般的には、複数品種のブレンド、赤ワイン比率が高い。
- □ フランスで最も栽培面積が多い白ブドウはユニ・ブラン、黒ブドウはメルロ。

A 北部産地／白
アルザス・リースリング

アルザスは基本的に単一品種。
リースリングは酸とミネラル豊富で、
最も繊細でエレガントなブドウ。

試飲ワイン選びのポイント
フランス・アルザス地方のACアルザス・リースリング。
2,000〜3,000円程度。

**アルザス・リースリング
ヒューゲル・エ・フィス**
Alsace Riesling/Hugel et Fils

外観●やや淡めの黄色。粘性は中程度。清澄度良好。
香り●ボリュームは中程度。リンゴ蜜、レモン、白い花、鉱物の香り。
味わい●なめらかで上品なアタック。フレッシュな果実味に、硬く引き締まった酸が大量に溶け込む。口内が冷たくなるような強いミネラル感。全体がしなやかに融合し、エレガントなライトミディアムボディの辛口白ワイン。余韻は中程度。
品種●リースリング
アルコール度数●12%
合わせる料理●白身魚のカルパッチョ、白身魚の塩焼き
相性のよい地方料理●キッシュ・ロレーヌ（キッシュのロレーヌ風）

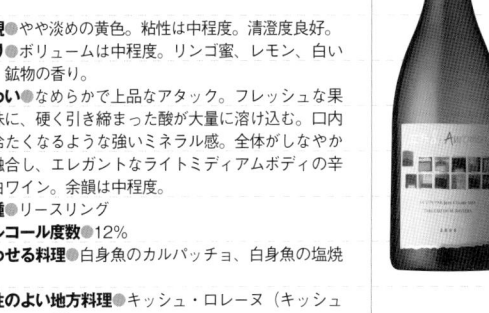

◀ Quiche Lorraine

B 南部産地／白
リムー

太陽の恵みを充分に受け
糖の高い南部のブドウから造るワインは、
果実のボリューム感が強い。

試飲ワイン選びのポイント
フランス・ラングドック地方ACリムー、ヴァン・ド・ペイ・ドックなどの、シャルドネの白ワイン。
1,500〜2,500円程度。

**リムー・トワベー・エ・オウモン
ジャン・クロード・マス**
Limoux ⅢB & Auromon/Jean-Claud Mas

外観●中程度の濃さ、麦わら色がかった黄色。粘性は強め。清澄度良好。
香り●ボリューム大きめ。パイナップルコンポート、黄色い花、蜂蜜、バニラの香り。
味わい●柔和なアタック。凝縮してとろみのある果実味。柔らかい太めの酸が中程度に存在、バランスよく融合。パワフルで濃縮感、まろやかな膨らみのあるフルボディの辛口白ワイン。余韻は中程度〜やや長め。
品種●シャルドネ
アルコール度数●13.8%
合わせる料理●鶏肉のクリーム煮、カニクリームコロッケ
合わせるチーズ●ペラルドン（ラングドック地方、シェーヴル）

資料　フランスのワイン生産地域

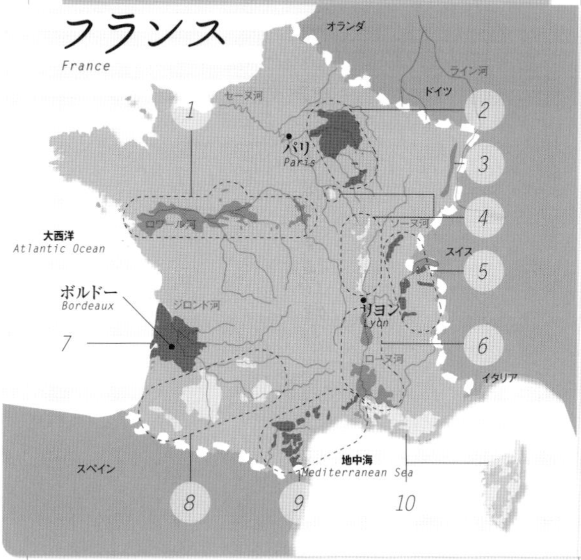

フランス
France

1　ヴァル・ド・ロワール　Val de Loire
2　シャンパーニュ　Champagne
3　アルザス　Alsace
4　ブルゴーニュ　Bourgogne
5　ジュラ・サヴォワ　Jura et Savoie
6　コート・デュ・ローヌ　Côtes du Rhône
7　ボルドー　Bordeaux
8　南西地方　Sud-Ouest
9　ラングドック・ルーション　Languedoc et Roussillon
10　プロヴァンス・コルス　Provence et Corse

北部産地／赤

C　ソーミュール・シャンピニィ

冷涼地の赤ワインは、透明感があり、
酸が多く、エレガント。
カベルネ・フランは青野菜風味が特徴。

試飲ワイン選びのポイント
フランス・ロワール地方、アンジュー・ソーミュール地区またはトゥーレーヌ地区のACソーミュール・シャンピニィ、ACシノン、ACブルグイユなど。2,000〜3,500円程度。

ソーミュール・シャンピニィ・ラ・ブルトニエール　ラングロワ・シャトー
Saumur-Champigny la Bretonnière／Langlois-Château

外観●中程度の濃さ、輝きのあるルビー色。粘性は中程度。清澄度良好。
香り●ボリュームは中程度。ブルーベリー、紫色のプラム、スミレ、青野菜（ししとう、ピーマン）の香り。
味わい●なめらかなアタック。フレッシュさと適度な凝縮感がある果実味。酸はやや多め。渋味が中程度に存在。全体がしなやかに融合し、それほど重すぎず、エレガント。清涼感ある余韻が中程度に続く。ミディアムホディの赤ワイン。
品種●カベルネ・フラン
アルコール度数●13%
合わせる料理●ウナギの赤ワイン煮、青椒肉絲
相性のよい地方料理●フィレ・ミニョン・オ・プリュノー（フィレ・ミニョン、プルーン添え）
合わせるチーズ●セル・シュール・シェール他（ロワール地方、シェーヴル）

◀ Filet Mignon aux Pruneaux

南部産地／赤

D　コトー・デュ・ラングドック

温暖地の赤ワインは、
果実味のボリューム感大。
アルコールが高めで、スパイシーな印象。

試飲ワイン選びのポイント
フランス、ラングドック・ルーション地方の赤ワインで、シラー主体のもの。1,500〜3,000円程度。

コトー・デュ・ラングドック　シャトー・ポール・マス
Coteaux du Languedoc／Château Paul Mas

外観●濃い青紫色。粘性は強い。清澄度良好。
香り●ボリューム大きめ。ブルーベリージャム、ダークチェリー、黒コショウ、鉄、ドライハーブ、サラミ、ロースティな香り。
味わい●パワフルなアタック。凝縮感のある果実味。酸味は比較的穏やか。渋味は強く、収斂性あり。なめらかな舌触りだが、スパイシーさが強く、野性味あり。渇いた後味。アルコールが高いフルボディの赤ワイン。余韻はやや長め。
品種●シラー主体、グルナッシュ、ムールヴェードル
アルコール度数●14%
合わせる料理●羊肉のハーブソテー、モツ煮込み
相性のよい地方料理●カスレ（肉と白隠元豆の土鍋煮込み）
合わせるチーズ●ペラルドン（ラングドック地方、シェーヴル）

◀ Cassoulet

Lesson 7

フランスの個性的なA.O.C.ワイン

フランス各産地では、長い伝統のもと土地に根付いたさまざまなブドウ品種から、バラエティ豊かなワインを産出。
それぞれのA.O.C.ワインの個性を知るとともに、相性のよいその土地の郷土料理にも注目してみましょう。

A　プロヴァンス地方
カシス・ブラン

カシス・ブラン
ドメーヌ・ド・ラ・フェルム・ブランシュ
Cassis Blanc／Domaine de la Ferme Blanche

相性のよい地方料理は？

Memo
外観

香り

味わい

合う料理

B　アルザス地方
アルザス・ゲヴュルツトラミネール

アルザス・ゲヴュルツトラミネール
ヒューゲル・エ・フィス
Alsace Gewürztraminer／Hugel et Fils

Memo
外観

香り

味わい

合う料理

> **Check!** ここに気をつけて、テイスティング！
> - ☐ 各ワインの産地を、地図で確認。
> - ☐ ブドウ品種がなにかを知り、ワインの個性を体感しよう。
> - ☐ どんな料理と相性がよいかも考えてみよう。

C 南西地方
マディラン

マディラン・シャトー・モンテュス
ドメーヌ・アラン・ブリュモン
Madiran Château Montus／
Domaine Alain Brumont

相性のよい地方料理は？

合わせるチーズは？

Memo

外観

香り

味わい

合う料理

D ラングドック地方
ミネルヴォワ

ミネルヴォワ・ルージュ・ラ・バスティド
シャトー・クープ・ローズ
Minervois Rouge la Bastide／
Château Coupe Roses

相性のよい地方料理は？

合わせるチーズは？

Memo

外観

香り

味わい

合う料理

フランスの個性的なA.O.C.ワイン

学習のポイント

- □ フランスでワイン法が制定されたのは、1935年。右ページの図を見ながら、EU圏のワイン法の基準となる、フランスのワイン法(原産地統制呼称制度)を理解しましょう。
- □ フランスワインの歴史にも、目を向けてみましょう。

   ヨーロッパ各国のワイン造りは、ローマ人により伝播。フランスで本格的なワイン造りがスタートしたのは、紀元前1世紀にローマ人が南仏のナルボネンシスにブドウ園を開墾したころから。紀元1世紀にはローヌ、2世紀にはブルゴーニュ、ボルドー、3世紀にはロワール、4世紀にシャンパーニュへと広がった。

- □ フランスには地方ごとに数多くの郷土料理が存在。各地の有名A.O.C.ワインとともに、相性のよい地方料理も確認しましょう。

プロヴァンス地方
A カシス・ブラン

**爽やかですっきりキレがよいが、
酸の質が太めで
スパイシーなところは温暖地の特徴。**

試飲ワイン選びのポイント
プロヴァンス地方のカシスの白ワイン。
3,500～4,500円程度。

**カシス・ブラン
ドメーヌ・ド・ラ・フェルム・ブランシュ**
Cassis Blanc/Domaine de la Ferme Blanche

外観●中程度の濃さ、輝きのある黄色。粘性は中程度。清澄度良好。
香り●ボリューム中程度。白い花、白桃、シトラス、ドライハーブの香り。
味わい●柔和なアタック。凝縮感とともに、フレッシュさもある果実味。酸は柔和で太め、やや控えめ。ミネラル、ドライハーブ風味、白コショウ的なスパイシーさで引き締まる。温暖な南部でありながら、すっきりとキレのよい、ミディアムボディの辛口白ワイン。余韻は中程度。
品種●クレレット、マルサンヌ、ソーヴィニヨン・ブラン、その他
アルコール度数●13%
合わせる料理●魚介類のフリット、野菜のグリル
相性のよい地方料理●ブイヤベース

◀ *Bouillabaisse*

アルザス地方
B アルザス・ゲヴュルツトラミネール

**ライチや白バラの華やかな香りと、
なめらかな果実味の後から込み上げる
生姜のようなぴりぴり感が品種個性。**

試飲ワイン選びのポイント
アルザス地方のゲヴュルツトラミネール。
2,000～3,000円程度。

**アルザス・ゲヴュルツトラミネール
ヒューゲル・エ・フィス**
Alsace Gewürztraminer/Hugel et Fils

外観●中程度の濃さ、グリーンがかった輝きのある明るい黄色。粘性は中程度からやや強め。清澄度良好。
香り●ボリュームは大きめ。ライチ、白バラ、鉱物など、とても華やかな香り。
味わい●なめらかなアタック。蜜のような凝縮感のある果実味。酸は中程度～やや控えめ。舌先がぴりぴりとしびれるような、生姜を噛んだようなスパイシーさが広がる。艶やかな触感のミディアムボディの辛口白ワイン。余韻は中程度。
品種●ゲヴュルツトラミネール
アルコール度数●13%
合わせる料理●春巻、エスニック料理

資料　フランスの原産地制度の階層構造

階級	名称	EUのカテゴリー
A.O.C.	アペラシオン・ドリジーヌ・コントロレ Appellation d'Origine Contrôlée (A.O.C.)	V.Q.P.R.D. (地域指定優良ワイン)
A.O.V.D.Q.S.	アペラシオン・ドリジーヌ・ヴァン・デリミテ・ド・カリテ・スペリュール Appellation d'Origine Vin Délimité de Qualité Supérieure (A.O.V.D.Q.S.=V.D.Q.S.)	
V.d.P.	ヴァン・ド・ペイ (地酒) Vins de Pays	Vins de Table (日常用テーブルワイン)
V.d.T.	ヴァン・ド・ターブル (日常用テーブルワイン)　ヴィンテージ表示は禁止。 Vins de Table	

C　マディラン
南西地方

ボルドーの赤ワインに
似たニュアンスながら、
スパイシーでワイルド、素朴さあり。

試飲ワイン選びのポイント
南西地方のマディラン。
2,000〜3,500円程度。

マディラン・シャトー・モンテュス
ドメーヌ・アラン・ブリュモン
Madiran Château Montus／Domaine Alain Brumont

外観●黒味がかった赤色。粘性は強い。清澄度良好。
香り●ボリュームやや大きめ。カシスやダークチェリーのリキュール、カカオ、エスプレッソ、ローズマリー、甘草、黒コショウなどスパイスの香り。
味わい●パワフルなアタック。凝縮した果実味。酸は中程度。渋味は多く、収斂性あり。なめらかだが、スパイシーでワイルド。アルコールが高く、素朴さも漂うフルボディ。余韻はやや長め。
品種●タナ主体、カベルネ・ソーヴィニヨン
アルコール度数●14.5%
合わせる料理●仔羊のグリル、豚塊肉の炭火焼
相性のよい地方料理●コンフィ・ド・カナール（鴨のコンフィ）、サルミ・ド・パロンブ（森鳩のサルミソース）
合わせるチーズ●ロックフォール（ラングドック地方、青カビ/羊乳）、オッソー・イラティ・ブルビ・ピレネー（バスク地方、ベアルネ地方、圧搾/羊乳）

◀ *Confi de Canard*

D　ミネルヴォワ
ラングドック地方

南仏の赤ワインは、品種構成によりスタイルは多様。
とはいえ温暖地の共通点は、
エキゾチックな香りと、スパイシーさ。

試飲ワイン選びのポイント
ラングドック地方のミネルヴォワ。
1,500〜3,000円程度。

ミネルヴォワ・ルージュ・ラ・バスティド
シャトー・クープ・ローズ
Minervois Rouge la Bastide／Château Coupe Roses

外観●やや濃い、輝きのあるルビー色。粘性やや高め。
香り●ボリュームは中程度。紫色のプラム、ブルーベリージャム、バラのドライフラワー、鉄、ムスク、シナモン、ミネラルの香り。
味わい●なめらかなアタック。凝縮しつつ、新鮮な果実味。酸と渋味は中程度、細やかなミネラルが融合。スパイシーさが徐々に込み上げ、南部のパワフルさが漂うが、みずみずしく、しっとりとまとまり、エレガント、ミディアムボディ。余韻は中程度。
品種●グルナッシュ、カリニャン、シラー
アルコール度数●13%
合わせる料理●レバーソテー、リエット
相性のよい地方料理●カスレ（肉と白隠元豆の土鍋煮込み）
合わせるチーズ●ペラルドン（ラングドック地方、シェーヴル）

◀ *Cassoulet*

Lesson 8

ボルドー地方の白ワイン

フランスを代表する銘醸地の1つ、ボルドー地方。赤ワインのイメージが強い産地ですが、良質な白ワインも生産しています。代表的な高品質白ワイン2種類から、その個性を探ってみましょう。

A 辛口白ワイン グラーヴ

クロ・フロリデーヌ
Clos Floridène

合わせるチーズは？

Memo

- 外観
- 香り
- 味わい
- 合う料理

B 甘口白ワイン ソーテルヌ

カルム・ド・リューセック
シャトー・リューセック
Carme de Rieussec／Château Rieussec

合わせるチーズは？

Memo

- 外観
- 香り
- 味わい
- 合う料理

ここに気をつけて、テイスティング！

- ☐ 各ワインの地区を、地図で確認。
- ☐ 辛口白ワインは、基本的に複数品種のブレンド。品種や醸造の特徴を意識しよう。
- ☐ 貴腐ブドウを用いる甘口白ワインの銘醸地、ソーテルヌ。外観や風味の特徴は？

資料　ボルドーのワイン生産地区

ボルドー Bordeaux

- ジロンド河
- メドック Médoc
- ブール・ブライエ Bourg et Blaye
- リブルヌ Libourne
- ボルドー
- アントル・ドゥ・メール Entre-Deux-Mers
- ドルドーニュ河
- グラーヴ Graves
- ソーテルヌ Sauternes
- ガロンヌ河

ボルドー地方の白ワイン

学習のポイント

- □ 大西洋沿岸に位置するボルドー地方は、3つの河の流域に産地が広がります。地図を見ながら、河の名称、各地区の位置、栽培されるブドウ品種、生産されるワインのタイプを整理しましょう。
- □ ボルドーでは、白、赤ワインともに基本的に複数品種をブレンド。白ワインの主要品種は、清涼感を与えるソーヴィニヨン・ブランと、ボディに厚みを与えるセミヨン。どちらが主体かにより、ワインの印象は変化します。
- □ ボルドー地方のアペラシオンの最小単位は村名。各地区の特徴をおさえたら、さらに詳細のアペラシオン名と生産可能色を覚えましょう。

A 辛口白ワイン グラーヴ

ブルゴーニュ白同様の樽のニュアンスがあるものの、ソーヴィニヨン・ブラン由来のアロマがグラーヴ白の特徴。

試飲ワイン選びのポイント
ボルドー地方、グラーヴ地区の白ワイン。
3,000～5,000円程度。

クロ・フロリデーヌ
Clos Floridène

外観●中程度の濃さ、麦わら色がかった黄色。粘性は中程度。清澄度良好。
香り●ボリューム中～やや大きめ。洋ナシ、グレープフルーツコンポート、白い花、香木、じゃ香、スモーキー、木樽由来のロースティな香り。
味わい●なめらかなアタック。凝縮感ある果実味。柔らかい酸が中程度にバランスよく存在。とろりと柔和にまとまり適度な厚みがあるが、後味にはグレープフルーツのような心地よいほろ苦味がある。ミディアムボディの辛口白ワイン。余韻は中程度～やや長め。
品種●セミヨン、ソーヴィニヨン・ブラン、ミュスカデル
アルコール度数●12.5%
合わせる料理●鱒の燻製、舌平目のグリル
合わせるチーズ●カンタル、サレール、ライオール（オーヴェルニュ地方、圧搾／牛乳）

B 甘口白ワイン ソーテルヌ

貴腐ワイン独特のセメダインっぽい香り。果実のボリュームが大きいセミヨンの貴腐ワインは、重厚なボディが特徴。

試飲ワイン選びのポイント
ボルドー地方、ソーテルヌ地区の貴腐の甘口白ワイン。
3,500～5,500円程度。

カルム・ド・リューセック シャトー・リューセック
Carme de Rieussec／Château Rieussec

外観●濃く、照り、輝きのある黄金色。粘性は強め。清澄度良好。
香り●ボリューム大きめ。蜂蜜、アンズジャム、セメダイン、ラノリン脂、スモーキーでロースティな香り。
味わい●とろりとなめらかなアタック。濃厚な甘さが口内に広がる。蜜のような凝縮感ある果実味。太めの酸が中程度に存在。全体が緻密に融合し、重厚で艶やかな触感の甘口白ワイン。余韻は長い。
品種●セミヨン主体
アルコール度数●13.5%
合わせる料理●フォアグラのムース、アンズのタルト
合わせるチーズ●ロックフォール（ラングドック地方、青カビ／羊乳）、フルム・ダンベール（オーヴェルニュ地方、青カビ／牛乳）、その他青カビチーズ

資料　**ボルドー各生産地区の位置関係**

位置	地区	土壌	主要品種	基本的な生産色
ジロンド河左岸	**メドック地区**	砂利、粘土	CS	赤のみ
ガロンヌ河左岸	**グラーヴ地区**	砂利	CS、SB、Se	赤、白
	ソーテルヌ地区	砂利	Se	白(貴腐)のみ
ドルドーニュ河右岸	**リブルヌ地区**	粘土、石灰	Me	赤のみ
	ブール・ブライエ地区		Me、SB	赤、白
ガロンヌ河とドルドーニュ河の間	**アントル・ドゥ・メール地区**		SB、Se	辛口白が中心

CS:カベルネ・ソーヴィニヨン　Me:メルロ　SB:ソーヴィニヨン・ブラン　Se:セミヨン

資料　**ボルドー地方のアペラシオンの階層構造**

村名	**アペラシオン・コミュナル** ex. AC Pauillac
地区名	**アペラシオン・レジョナル** ex. AC Médoc
地方名	**アペラシオン・ジェネラル** ex. AC Bordeaux

Lesson 9

ボルドー地方の赤ワイン

5大シャトーをはじめ、世界中の羨望を集める偉大な赤ワイン産地のボルドー地方。
最高峰のメドック地区とリブルヌ地区では、ともにフルボディの赤ワインを産出しますが、
主要品種やスタイルが異なります。両者の違いを比べてみましょう。

A メドック地区
ポイヤック

シャトー・ダルマイヤック
Château d'Armailhac

- 相性のよい地方料理は?
- 合わせるチーズは?

Memo

外観

香り

味わい

合う料理

B リブルヌ地区
サンテミリオン

シャトー・キノー・ランクロ
Château Quinault l'Enclos

- 相性のよい地方料理は?
- 合わせるチーズは?

Memo

外観

香り

味わい

合う料理

ワイン力をアップするテイスティング・ワークブック　ワインの試験対策

42

ここに気をつけて、テイスティング！

- □ 各ワインの地区、村の位置を、地図で確認。両者のテロワールの違いもチェック。
- □ メドック地区は、カベルネ・ソーヴィニヨン主体。香り、酸味やタンニンを特に確認。
- □ リブルヌ地区は、メルロ主体。香り、果実のボリューム感を特に認識しよう。
- □ そして、2つのワインの共通点は？

資料　メドック地区、リブルヌ地区のアペラシオン

リブルヌ Libourne

- 9 カノン・フロンサック　Canon-Fronsac
- 10 フロンサック　Fronsac
- 11 ポムロール　Pomerol
- 12 ラランド・ド・ポムロール　Lalande-de-Pomerol
- 13 サンテミリオン衛星地区　Saint-Émilion Satellites
  - a リュサック・サンテミリオン　Lussac Saint-Émilion
  - b ピュイスガン・サンテミリオン　Puisseguin Saint-Émilion
  - c モンターニュ・サンテミリオン　Montagne Saint-Émilion
  - d サンジュジョルジュ・サンテミリオン　Saint-Georges Saint-Émilion
- 14 フラン・コート・ド・ボルドー　Francs-Côtes de Bordeaux
- 15 サンテミリオン　Saint-Émilion
- 16 カスティヨン・コート・ド・ボルドー　Castillon-Côtes de Bordeaux

メドック Médoc

- 1 メドック　Médoc
- 2 サンテステフ　Saint-Estèphe
- 3 ポイヤック　Pauillac
- 4 サン・ジュリアン　Saint-Julien
- 5 リストラック・メドック　Listrac-Médoc
- 6 ムーリ・アン・メドック　Moulis en Médoc
- 7 マルゴー　Margaux
- 8 オー・メドック　Haut-Médoc

※2〜7は村名A.O.C.、1と8は地区名A.O.C.。

ジロンド河　ブール・ブライエ Bourg et Blaye　ボルドー　リブルヌ　アントル・ドゥ・メール Entre-Deux-Mers　グラーヴ Graves

ボルドー地方の赤ワイン

学習のポイント

- □ 村名が最小アペラシオンのボルドー地方では、1アペラシオン内に多数の生産者が存在。そのため、地区ごとに独自の生産者格付けが採用されています。
- □ 1855年に制定されたメドック地区の格付けは、基本的に当時のままの格付けが今でも施行。しかし、例外として1973年、シャトー・ムートン・ロートシルトが1級へ昇格しました。
- □ ポイヤック村の赤ワインと、同村の名産物アニョー・ド・レ（乳飲み仔羊）は、定番の組み合わせです。

テイスティングのポイント

左岸、右岸とも、濃い色調、新樽も一部含まれる樽熟成から由来するバニラ、カカオ、エスプレッソなどの甘香ばしい香り、複雑味のあるフルボディは共通点。その中で、カベルネ・ソーヴィニヨン主体か、メルロ主体かの違いを見つけましょう。

A メドック地区 ポイヤック

酸とタンニンの存在感が大きい
骨格のあるフルボディ。カベルネ由来の
清涼感ある杉の香りもポイント。

試飲ワイン選びのポイント
ボルドー地方、メドック地区のACポイヤックなどのグラン・クリュ・クラッセ。5,000～8,000円程度。

シャトー・ダルマイヤック
Château d'Armailhac

- **外観**●黒味がかった紫色。粘性はやや強。清澄度良好。
- **香り**●ボリューム中程度。クレーム・ド・カシス、カカオ、エスプレッソ、湿った土、甘草、西洋杉の香り。
- **味わい**●しなやかなアタック。凝縮した果実味。酸はやや多めで存在感がある。細やかな渋味が多く、収斂性あり。樽の甘香ばしさも融合するが、まだ各要素が若々しく主張する。複雑味があり、中心部が引き締まり骨格のあるフルボディ。余韻は長い。
- **品種**●カベルネ・ソーヴィニヨン主体、メルロ、カベルネ・フラン、プティ・ヴェルド
- **アルコール度数**●13%
- **合わせる料理**●仔羊のロースト、牛フィレ肉のソテー
- **相性のよい地方料理**●アニョー・ド・レ（乳飲み仔羊）
- **合わせるチーズ**●ポン・レヴェック、リヴァロ（ノルマンディー地方、ウォッシュ／牛乳）、ロックフォール（ラングドック地方、青カビ／羊乳）

◀ *Agneau de Lait*

B リブルヌ地区 サンテミリオン

ボリューム感ある果実味が、
酸と渋味を包み込み、緻密でまろやか。
ベルベットのような触感！

試飲ワイン選びのポイント
ボルドー地方、リブルヌ地区のACサンテミリオン・グラン・クリュ。5,000～8,000円程度。

シャトー・キノー・ランクロ
Château Quinault l'Enclos

- **外観**●濃い赤紫色。粘性は強め。清澄度良好。
- **香り**●ボリュームやや大きめ。プルーンコンポート、カカオ、エスプレッソ、シナモン、土の香り。
- **味わい**●なめらかなアタック。凝縮した果実味。酸は中程度、柔らかい酸。渋味は多いが、濃縮ある果実味と樽の甘香ばしさに融合し、まろやかで重厚、複雑味のあるフルボディ。余韻は長い。
- **品種**●メルロ主体、カベルネ・フラン、カベルネ・ソーヴィニヨン、マルベック
- **アルコール度数**●13.5%
- **合わせる料理**●フォアグラのソテー、すき焼き
- **相性のよい地方料理**●ランプロワ・ア・ラ・ボルドレーズ（八つ目ウナギ、ボルドー風）
- **合わせるチーズ**●ブリ・ド・モー（イル・ド・フランス地方、白カビ）、ロックフォール（ラングドック地方、青カビ／羊乳）、カンタル、ライオール、サン・ネクテール（オーヴェルニュ地方、圧搾／牛乳）

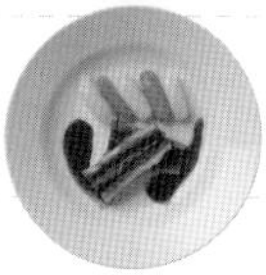

◀ *Lamproie à la Bordelaise*

資料　ボルドー地方各生産地区の格付け

	メドック地区 Médoc	ソーテルヌ地区 Sauternes	グラーブ地区 Graves	サンテミリオン地区 Saint-Émilion
制定年	1855年	1855年	1953年、その後59年に修正	他地区と異なり、10年ごとに格付け見直し。最新は2006年
格付けワイン	赤ワインのみ	白甘口ワインのみ	赤ワイン、白ワイン	赤ワインのみ
格付けの種類	**1級** 5シャトー **2級** 14シャトー **3級** 14シャトー **4級** 10シャトー **5級** 18シャトー	**特別第1級** 1シャトー （プルミエ・クリュ・シューペリュール） **第1級** 11シャトー **第2級** 15シャトー	赤ワインのみ格付け 7シャトー 赤、白両方格付け 6シャトー 白ワインのみ格付け 3シャトー	**プルミエ・グラン・クリュ クラッセ・シャトーA**　2シャトー **プルミエ・グラン・クリュ クラッセ・シャトーB**　13シャトー

45

Lesson 10

ブルゴーニュワインの主要品種

ボルドー地方と並び、フランス2大銘醸地として人気のブルゴーニュ地方。
単一ブドウ品種で造られるブルゴーニュのワインは、テロワールやヴィンテージの影響が
顕著に反映される繊細なスタイルです。まずは、品種の個性を理解しましょう。

A　コート・シャロネーズ地区／アリゴテ
ブーズロン

ブーズロン
A & P・ド・ヴィレーヌ
Bouzeron / A et P de Villaine

Memo
外観

香り

味わい

合う料理

B　マコネ地区／シャルドネ
プイィ・フュイッセ

プイィ・フュイッセ
ブシャール・ペール・エ・フィス
Pouilly-Fuissé / Bouchard Père & Fils

相性のよい地方料理は？

合わせるチーズは？

Memo
外観

香り

味わい

合う料理

ここに気をつけて、テイスティング！

- ☐ 各ワインの地区を、地図で確認。
- ☐ 高級銘酒を生み出すシャルドネと、カジュアルな印象のアリゴテとの、ボディや余韻の違いは？
- ☐ 高級銘酒を生み出すピノ・ノワールと、ボージョレのブドウとして有名なガメイとの風味の違いは？

C ムーラン・ナ・ヴァン
ボージョレ地区／ガメイ

ムーラン・ナ・ヴァン・シャトー・デ・ジャック
ルイ・ジャド
Moulin-à-Vent Château des Jacques／Louis Jadot

相性のよい地方料理は？

合わせるチーズは？

Memo

外観

香り

味わい

合う料理

D メルキュレ
コート・シャロネーズ地区／ピノ・ノワール

メルキュレ
ブシャール・ペール・エ・フィス
Mercurey／Bouchard Père & Fils

Memo

外観

香り

味わい

合う料理

ブルゴーニュワインの主要品種

学習のポイント

- 内陸部の丘陵地帯に位置するブルゴーニュ地方は南北300kmに連なり、6地区から構成。まずは、各地区の名称と所属県、ワインの特徴を確認。
- ブレンドワインのボルドーとは異なり、単一品種からワインを造るブルゴーニュ。冷涼で石灰質土壌をもつブルゴーニュ地方のワインは、赤、白ともに引き締まった酸と、硬質なミネラルを多く含むのが特徴です。
- 最南部のボージョレ地区のみ、花崗岩土壌のため黒ブドウはガメイを栽培。良質なテロワールの10村には、クリュ・ボージョレと呼ばれる村名アペラシオンが存在します。
- テロワールが多様なブルゴーニュ地方ではアペラシオンが細分化、その数は100にもおよびます。最小単位は畑名です。

A コート・シャロネーズ地区／アリゴテ
ブーズロン

舌触りはなめらかだが、レモンのような酸が強く込み上げるのがアリゴテの特徴。果実味はシャルドネより控えめ。

試飲ワイン選びのポイント
ブルゴーニュ地方のACブーズロンまたはACブルゴーニュ・アリゴテ。2,500～3,000円程度。

ブーズロン
A & P・ド・ヴィレーヌ
Bouzeron／A et P de Villaine

外観●中程度の濃さ、麦わら色がかった黄色。粘性中程度。清澄度良好。
香り●ボリューム中程度。青リンゴ、ライム、白桃、白い花、ミネラル、ほのかにロースティな香り。
味わい●なめらかな舌触りだが、はつらつとしたアタック。フレッシュな果実味。レモンのような若々しい酸が大量に込み上げる。ミネラルも多い。シャルドネに比べると果実味は控えめで、酸とミネラルが強調。青々とした清涼感が広がり、キレのよい、ライトミディアムボディの辛口白ワイン。余韻は中程度。
品種●アリゴテ
アルコール度数●12.5%
合わせる料理●生牡蠣、魚介類のゼリー寄せ

B マコネ地区／シャルドネ
プイィ・フュイッセ

シャルドネは、まろやかでバランスよく、突出するものがない。テロワール由来の酸、ミネラルを充分に含み、ゆったりとして上品。

試飲ワイン選びのポイント
ブルゴーニュ地方、マコネ地区のACプイィ・フュイッセ。3,500～4,500円程度。

プイィ・フュイッセ
ブシャール・ペール・エ・フィス
Pouilly-Fuissé／Bouchard Père & Fils

外観●中程度の濃さ、輝きのある黄色。粘性は中程度。清澄度良好。
香り●ボリューム中程度。洋ナシのコンポート、白い花、ミネラル、ローストナッツ、スモーキーな香り。
味わい●しなやかなアタック。なめらかな舌触り。凝縮した果実味。引き締まった酸、細やかなミネラルが多く存在し、全体が融合。丸みがあり、バランス良好、上品で、複雑味があるミディアムフルボディの辛口白ワイン。余韻は長め。
品種●シャルドネ
アルコール度数●13%
合わせる料理●小エビのコロッケ、鶏肉のソテー
相性のよい地方料理●クネル・ド・ブロシェ（川かますのクネル）
合わせるチーズ●マコネ（ブルゴーニュ地方、シェーヴル）

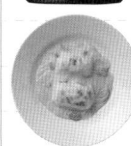

◀ *Quenelle de Brochet*

資料 ブルゴーニュのアペラシオンと生産地区

ブルゴーニュ地方のアペラシオンの階層構造

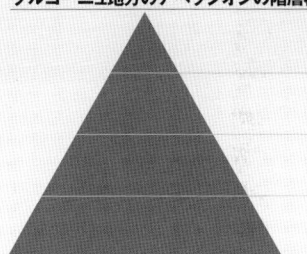

- **特級畑** Les Appellations Grands Crus アペラシオン・グラン・クリュ
  ex. AC Romanée-Conti
- **一級畑** Les Appellations Premiers Crus アペラシオン・プルミエ・クリュ
  ex. AC Vosne-Romanée les Suchots
- **村名** Les Appellations Communales アペラシオン・コミュナル
  ex. AC Vosne-Romanée
- **地方名** Les Appellations Régionales アペラシオン・レジョナル
  ex. AC Bourgogne

生産地区の位置関係と主要品種

県名	生産地区	土壌	主要品種	特徴
ヨンヌ県	シャブリ地区	キンメリジャン	シャルドネ	硬質で端麗な白ワイン産地
コート・ドール県	コート・ド・ニュイ地区	石灰岩、泥灰土	ピノ・ノワール、シャルドネ	おもに銘醸赤ワイン産地
	コート・ド・ボーヌ地区	石灰岩、泥灰土	ピノ・ノワール、シャルドネ	生産量は赤が多いが、銘醸白ワインが存在
ソーヌ・エ・ロワール県	コート・シャロネーズ地区	石灰岩、泥灰土	ピノ・ノワール、シャルドネ、アリゴテ	親しみやすい赤、白ワイン産地
	マコネ地区	泥灰岩、石灰岩	シャルドネ、ガメイ、ピノ・ノワール	果実味豊かな白ワイン産地
ローヌ県	ボージョレ地区	花崗岩質	ガメイ	ガメイから造る、軽快な赤ワイン産地

C ムーラン・ナ・ヴァン
ボージョレ地区／ガメイ

イチゴの香りが特徴だが、クリュ・ボージョレ・クラスでは複雑味や上品さが備わる。村ごとに個性あり。

試飲ワイン選びのポイント
ブルゴーニュ地方、ボージョレ地区のクリュ・ボージョレ。
2,500〜3,500円程度。

ムーラン・ナ・ヴァン・シャトー・デ・ジャック ルイ・ジャド
Moulin-à-Vent Château des Jacques／Louis Jadot

外観●やや淡めの濃さ、透明感ある紫色。粘性中程度。清澄度良好。
香り●ボリューム中程度。イチゴ、ブルーベリー、スミレの花、鉄、スパイス、ヨードの香り。
味わい●しなやかなアタック。凝縮感とフレッシュな果実味が豊か。酸はやや多め。渋味はやや少なめ。スパイシーさや鉄分が融合し引き締まり、上品。ミディアムボディ。余韻は中程度〜やや長め。
品種●ガメイ
アルコール度数●13％
合わせる料理●ビーフストロガノフ、カツオのソテー
相性のよい地方料理●ジャンボン・ペルシエ（ハムとパセリのゼリー寄せ）
合わせるチーズ●カマンベール・ド・ノルマンディー（ノルマンディー地方、白カビ／牛乳）、モンドール（ジュラ地方、ウォッシュ／牛乳）、ピコドン（コート・デュ・ローヌ地方、シェーヴル／山羊乳）

▶ *Jambon Persillé*

D メルキュレ
コート・シャロネーズ地区／ピノ・ノワール

ブルゴーニュのピノ・ノワールは、エレガントな赤ワインの代表。赤系果実の香りや、鋭い酸とミネラルが特徴。

試飲ワイン選びのポイント
ブルゴーニュ地方、コート・シャロネーズ地区の赤ワイン。
ACメルキュレ、ACリュリー、ACジヴリーなど。
3,000〜4,000円程度。

メルキュレ ブシャール・ペール・エ・フィス
Mercurey／Bouchard Père & Fils

外観●淡め、透明感、照り、輝きのあるルビー色。粘性中程度。清澄度良好。
香り●ボリューム中程度。ラズベリー、チェリー、梅の甘露煮、スミレの花、ミネラルの香り。
味わい●なめらかなアタック。フレッシュな果実味。引き締まった酸とミネラルが多く、果実味に溶け込む。渋味は少なめ。全体が上品にまとまり、しなやかなミディアムボディの赤ワイン。余韻は中程度。
品種●ピノ・ノワール
アルコール度数●13％
合わせる料理●鶏肉の赤ワイン煮、サバのソテー

Lesson 11

ブルゴーニュ地方の白ワイン

全般的にブルゴーニュのシャルドネは、酸とミネラルを充分に含み、繊細でフィネスを感じます。
とはいえ多様なテロワールゆえ、ライトボディからフルボディまで、多彩なスタイルが存在。
また、醸造方法の違いもうかがえます。

A　シャブリ地区　シャブリ

シャブリ・ラ・キュヴェ・デパキ
アルベール・ビショー
Chablis la Cuvée Depaquit / Albert Bichot

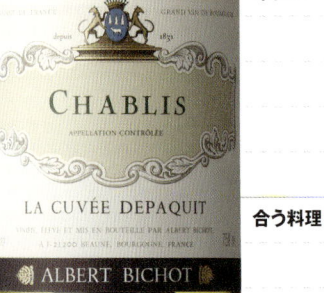

相性のよい地方料理は？

Memo
- 外観
- 香り
- 味わい
- 合う料理

B　コート・ド・ボーヌ地区　ムルソー

ムルソー
ジョゼフ・ドルーアン
Meursault / Joseph Drouhin

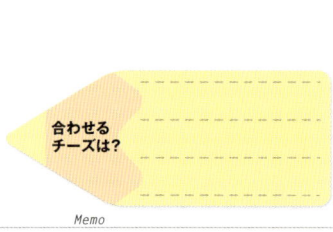

合わせるチーズは？

Memo
- 外観
- 香り
- 味わい
- 合う料理

ワイン力をアップするテイスティング・ワークブック　ワインの試験対策

50

Check!

ここに気をつけて、テイスティング！

☐ 各ワインの地区を、地図で確認。2地区のテロワールの特徴は？

☐ シャルドネは品種個性が少ないのが特徴。だからこそ、テロワールや醸造の違いが明確に！

☐ 外観、香り、味わいを比較しながら、合う料理も考えてみよう。

資料　ブルゴーニュのワイン生産地区

ブルゴーニュ
Bourgogne

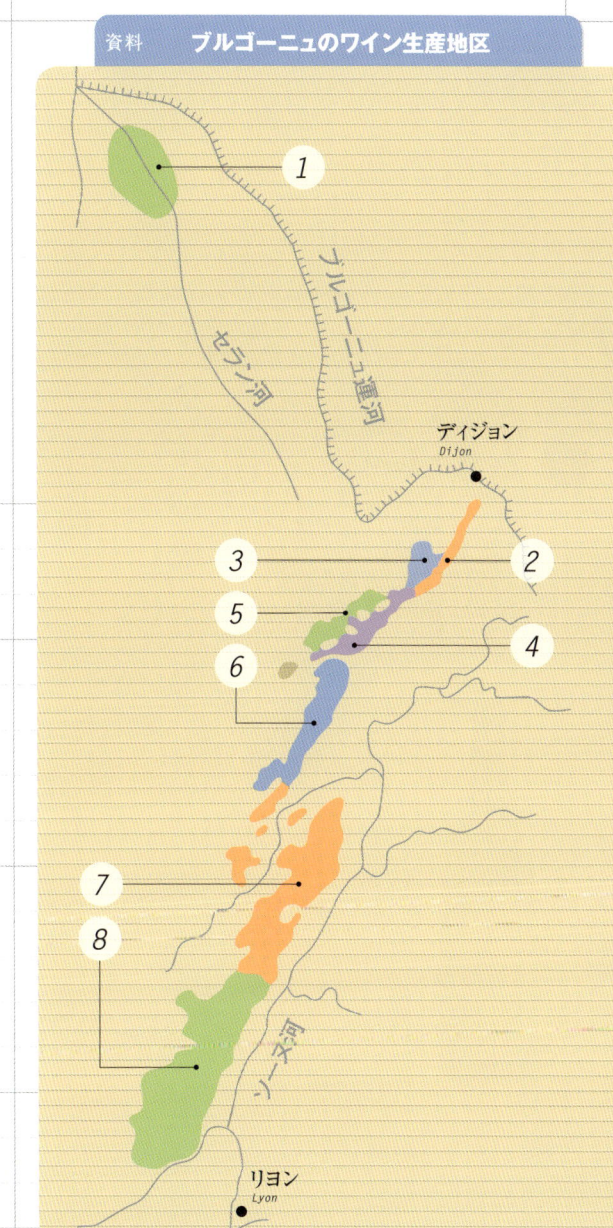

1 **シャブリ***
Chablis

2 **コート・ド・ニュイ***
Côte de Nuits

3 **オート・コート・ド・ニュイ**
Hautes Côtes de Nuits

4 **コート・ド・ボーヌ***
Côte de Beaune

5 **オート・コート・ド・ボーヌ**
Hautes Côtes de Beaune

6 **コート・シャロネーズ***
Côte Chalonnaise

7 **マコネ***
Mâconnais

8 **ボージョレ***
Beaujolais

※*印は主要6地区。

ブルゴーニュ地方の白ワイン

学習のポイント

- □ ブルゴーニュ最北部のシャブリ地区は、キンメリジャンと呼ばれる白亜質（石灰岩）土壌のため、鋭い酸と硬質なミネラルを多く含む白ワインが産出されます。
- □ コート・ド・ボーヌ地区には、コルトン・シャルルマーニュ、モンラッシェなど銘醸白ワインのグラン・クリュが存在。偉大な白ワイン産地として知られています。
- □ ブルゴーニュ地方6地区の中でグラン・クリュが存在するのは、シャブリ地区、コート・ド・ニュイ地区、コート・ド・ボーヌ地区の北部3地区のみです。

テイスティングのポイント

最北のシャブリ地区は特に冷涼で、キンメリジャン土壌が特徴。そのため、一般的なスタイルは、鋭角に引き締まった細身の印象です。一方、最も銘醸白ワイン産地として知られるコート・ド・ボーヌ地方では、樽熟成によりふくよかで緻密なワインが誕生。品種個性の少ないシャルドネだからこそ、この対比が明確です。

A シャブリ地区
シャブリ

キンメリジャン土壌由来の
火打石の香り、硬質な酸とミネラルで
引き締まったボディ。

試飲ワイン選びのポイント
ブルゴーニュ地方、シャブリ地区のACシャブリ。
2,500～3,000円程度。

シャブリ・ラ・キュヴェ・デパキ
アルベール・ビショー
Chablis la Cuvée Depaquit／Albert Bichot

外観●淡め、グリーンがかった黄色。粘性中程度。清澄度良好。
香り●ボリュームやや少なめ。ライム、青リンゴ、白い花、火打石の香り。比較的シンプルだが、クリーンな香り。
味わい●はつらつとしたアタック。フレッシュな果実味。若々しく鋭い酸とミネラルがとても多く、硬質に引き締まる。キレのよい、ライトボディの辛口白ワイン。余韻はやや短め。
品種●シャルドネ
アルコール度数●12.5%
合わせる料理●生牡蠣、白身魚の刺身
相性のよい地方料理●エスカルゴ・ア・ラ・ブルギニョンヌ（ブルゴーニュ風エスカルゴの殻焼き）

◀ Escargots à la Bourguignonne

B コート・ド・ボーヌ地区
ムルソー

若いうちは樽のニュアンスが目立つ。
酸、ミネラルをしっかり含み上品ながら、
まろやかでコクがあるボディ。

試飲ワイン選びのポイント
ブルゴーニュ地方、コート・ド・ボーヌ地区の村名アペラシオンの白ワイン。
5,000～8,000円程度。

ムルソー
ジョゼフ・ドルーアン
Meursault／Joseph Drouhin

外観●中程度の濃さ、輝きのある黄色。粘性はやや強め。清澄度良好。
香り●ボリュームやや大きめ。洋ナシのコンポート、白い花、ミネラル、ローストナッツの香り。複雑な香り。
味わい●しなやかで上品なアタック。凝縮した果実味がゆったりと口一杯に広がる。内部に引き締まった若々しい酸、細やかなミネラルが多く存在。全体が緻密に融合し、膨らみ、コクがある。上品で、複雑味があるフルボディの辛口白ワイン。余韻は長い。
品種●シャルドネ
アルコール度数●13%
合わせる料理●舌平目のムニエル、オマール海老のアメリケーヌ・ソース
合わせるチーズ●エポワス（ブルゴーニュ地方、ウォッシュ／牛乳）、モンドール（ジュラ地方、ウォッシュ／牛乳）

資料　シャブリのグラン・クリュ

ブーグロ	Bougros	グルヌイユ Grenouilles	※最小面積
レ・プリューズ	Les Preuses	ヴァルミュール Valmur	
（ムートンヌ　Moutonne　Les PreusesとVaudésirにまたがった小区画）		レ・クロ Les Clos	※最大面積
ヴォーデジール	Vaudésir	ブランショ Blanchots	

資料　コート・ド・ボーヌのグラン・クリュ

所在村名	畑名		赤	白
ラドワ・セリニ Ladoix-Serrigny	コルトン Corton	※3村にまたがる	●	○
	コルトン・シャルルマーニュ Corton-Charlemagne	※3村にまたがる		○
アロクス・コルトン Aloxe Corton	コルトン Corton	※3村にまたがる	●	○
	コルトン・シャルルマーニュ Corton-Charlemagne	※3村にまたがる		○
	シャルルマーニュ Charlemagne	※2村にまたがる		○
ペルナン・ヴェルジュレス Pernand-Vergelesses	コルトン Corton	※3村にまたがる	●	
	コルトン・シャルルマーニュ Corton-Charlemagne	※3村にまたがる		○
	シャルルマーニュ Charlemagne	※2村にまたがる		○
ピュリニ・モンラッシェ Puligny-Montrachet	モンラッシェ Montrachet	※2村にまたがる		○
	バタール・モンラッシェ Bâtard-Montrachet	※2村にまたがる		○
	シェヴァリエ・モンラッシェ Chevalier-Montrachet			○
	ビアンヴニュ・バタール・モンラッシェ Bienvenues-Bâtard-Montrachet			○
シャサーニュ・モンラッシェ Chassagne-Montrachet	モンラッシェ Montrachet	※2村にまたがる		○
	バタール・モンラッシェ Bâtard-Montrachet	※2村にまたがる		○
	クリオ・バタール・モンラッシェ Criots-Bâtard-Montrachet			○

Lesson 12

ブルゴーニュ地方の赤ワイン

ブルゴーニュ赤ワインの最高峰産地、コート・ドール。有名なロマネ・コンティやル・シャンベルタンをはじめ、数々の銘醸畑が連なります。多様なテロワールにより、同じ品種でも表情はさまざま。2つの村名ワインを、比較テイスティングしてみましょう。

A コート・ド・ニュイ地区 ジュヴレ・シャンベルタン

ジュヴレ・シャンベルタン
ジョゼフ・ドルーアン
Gevrey-Chambertin／
Joseph Drouhin

相性のよい地方料理は？

合わせるチーズは？

Memo

外観

香り

味わい

合う料理

B コート・ド・ボーヌ地区 ショレイ・レ・ボーヌ

ショレイ・レ・ボーヌ
ジョゼフ・ドルーアン
Chorey-lès-Beaune／
Joseph Drouhin

相性のよい地方料理は？

合わせるチーズは？

Memo

外観

香り

味わい

合う料理

Check! ここに気をつけて、テイスティング！

- ☐ 各ワインの地区、村を、地図で確認。
- ☐ 同生産者、同ヴィンテージで揃えれば、テロワールの違いが明確に表れます。
- ☐ 外観、香り、味わいを比較しながら、飲み頃や合う料理なども考えてみよう。

資料　ブルゴーニュのワイン生産地区

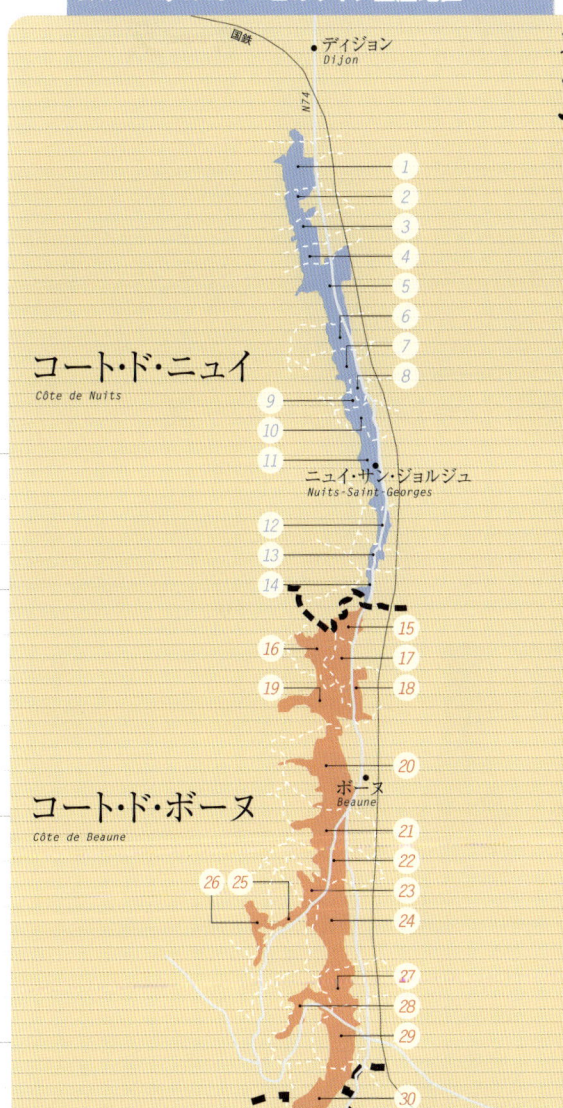

ブルゴーニュ
コート・ドール
Côte d'Or, Bourgogne

コート・ド・ニュイ

#	日本語	原語
1	マルサネ	Marsannay
2	クーシィ*	Couchey*
3	フィサン	Fixin
4	ブロション*	Brochon
5	ジュヴレ・シャンベルタン	Gevrey-Chambertin
6	モレ・サン・ドゥニ	Morey-Saint-Denis
7	シャンボール・ミュズィニ	Chambolle-Musigny
8	ヴージョ	Vougeot
9	フラジェ・エシェゾー*	Flagey-Échézeaux
10	ヴォーヌ・ロマネ	Vosne-Romanée
11	ニュイ・サン・ジョルジュ	Nuits-Saint-Georges
12	プレモー・プリセ*	Prémeaux-Prissey
13	コンブランシアン*	Comblanchien
14	コルゴロアン*	Corgoloin

コート・ド・ボーヌ

#	日本語	原語
15	ラドワ・セリニ	Ladoix-Serrigny
16	ペルナン・ヴェルジュレス	Pernand-Vergelesses
17	アロクス・コルトン	Aloxe-Corton
18	ショレイ・レ・ボーヌ	Chorey-lès-Beaune
19	サヴィニ・レ・ボーヌ	Savigny-lès-Beaune
20	ボーヌ	Beaune
21	ポマール	Pommard
22	ヴォルネイ	Volnay
23	モンテリ	Monthélie
24	ムルソー	Meursault
25	オーセイ・デュレス	Auxey-Duresses
26	サン・ロマン	Saint-Romain
27	ピュリニ・モンラッシェ	Puligny-Montrachet
28	サン・トーバン	Saint-Aubin
29	シャサーニュ・モンラッシェ	Chassagne-Montrachet
30	サントネー	Santenay
31	マランジェ	Maranges

※ *印はA.O.C.でない村。

ブルゴーニュ地方の赤ワイン

学習のポイント

- 地図と照らし合わせながら、銘醸地コート・ドールの村名と、生産可能色を確認。
- 村名アペラシオンをおさえたら、次はグラン・クリュの暗記にチャレンジ！
- コート・ド・ニュイ地区のグラン・クリュは、基本的に赤ワインのみ。唯一の例外は、シャンボール・ミュジニィ村のミュジニィで、白、赤両方の生産が可能です。
- コート・ド・ボーヌ地区のグラン・クリュは、基本的には白ワインのみ。唯一、赤、白両方の生産が可能なグラン・クリュは、コルトンです。

テイスティングのポイント

透明感のある色調、酸味のある果実香、酸とミネラルの豊富さがブルゴーニュ・ピノ・ノワールの真髄ですが、その中での多様性はテロワールの特徴です。細かく見ると村や畑による個性がありますが、まずは大まかにコート・ド・ニュイ地区とコート・ド・ボーヌ地区の微妙な違いを感じとってみましょう。

A コート・ド・ニュイ地区 ジュヴレ・シャンベルタン

北部のコート・ド・ニュイ地区は、細かい酸とミネラルの存在感が強く芯があり、引き締まった印象。

試飲ワイン選びのポイント
ブルゴーニュ地方、コート・ド・ニュイ地区の村名アペラシオンの赤ワイン。5,000～8,000円程度。

ジュヴレ・シャンベルタン ジョゼフ・ドルーアン
Gevrey-Chambertin / Joseph Drouhin

外観●中程度の濃さ。透明感、照り、輝きあるルビー色。粘性はやや強め。清澄度良好。
香り●ボリュームやや大きめ。ラズベリー、オレンジコンポート、赤い花、カカオ、鉱物、鉄の香り。
味わい●しなやかなアタック。凝縮した果実味。酸、硬質なミネラルが多く、存在感がある。渋味はやや少なめ。上品で、複雑味があるが、スパイシーさ、鉄っぽさを感じ、骨格がしっかりとして引き締まった印象。ミディアムボディ。余韻は長い。
品種●ピノ・ノワール
アルコール度数●13%
相性のよい地方料理●コック・オ・ヴァン（雄鶏の赤ワイン煮）、ブッフ・ブルギニョン（牛肉の赤ワイン煮）
合わせるチーズ●ブリ・ド・ムラン（イル・ド・フランス地方、白カビ／牛乳）、エポワス（ブルゴーニュ地方、ウォッシュ／牛乳）

◀ *Coq au Vin*

B コート・ド・ボーヌ地区 ショレイ・レ・ボーヌ

南部のコート・ド・ボーヌ地区は、まろやかで伸びのある果実味に酸とミネラルが溶け込んだ、なめらかな印象。

試飲ワイン選びのポイント
ブルゴーニュ地方、コート・ド・ボーヌ地区の村名アペラシオンの赤ワイン。5,000～8,000円程度。

ショレイ・レ・ボーヌ ジョゼフ・ドルーアン
Chorey-lès-Beaune / Joseph Drouhin

外観●中程度。透明感、照り、輝きあるルビー色。粘性はやや強め。清澄度良好。
香り●ボリュームやや大きめ。チェリーコンポート、赤い花、カカオ、鉱物、かすかにスパイスの香り。
味わい●しなやかなアタック。凝縮した果実味。引き締まった酸と細やかミネラルが多く存在。渋味はやや少なめ。上品で複雑。たっぷりの果実味が全体を包み込み大らか。ミディアムボディ。余韻は長い。
品種●ピノ・ノワール
アルコール度数●13%
相性のよい地方料理●ブッフ・ブルギニョン（牛肉の赤ワイン煮）、ウフ・アン・ムーレット（赤ワイン仕立てポーチドエッグ）
合わせるチーズ●ヌーシャテル（ノルマンディー地方、白カビ／牛乳）、ラングル（シャンパーニュ地方、ウォッシュ／牛乳）、サン・ネクテール（オーヴェルニュ地方、圧搾／牛乳）

◀ *Oeuf en Meurette*

資料 コート・ド・ニュイのグラン・クリュ

所在村名	畑名		赤	白
ジュヴレ・シャンベルタン Gevrey-Chambertin	マジ・シャンベルタン Mazis-Chambertin		●	
	ルショット・シャンベルタン Ruchottes-Chambertin		●	
	シャンベルタン・クロ・ド・ベーズ Chambertin-Clos de Bèze		●	
	シャンベルタン Chambertin		●	
	シャペル・シャンベルタン Chapelle-Chambertin		●	
	グリオット・シャンベルタン Griotte-Chambertin		●	
	シャルム・シャンベルタン Charmes-Chambertin	※ジュヴレ・シャンベルタン村で最大面積	●	
	マゾワイエール・シャンベルタン Mazoyères-Chambertin		●	
	ラトリシエール・シャンベルタン Latricières-Chambertin		●	
モレ・サン・ドゥニ Morey-Saint-Denis	クロ・ド・ラ・ロッシュ Clos de la Roche		●	
	クロ・サン・ドゥニ Clos Saint-Denis		●	
	クロ・デ・ランブレ Clos des Lambrays		●	
	クロ・ド・タール Clos de Tart	※モノポール	●	
	ボンヌ・マール Bonnes-Mares	※2村にまたがる	●	
シャンボール・ミュズィニ Chambolle-Musigny	ボンヌ・マール Bonnes-Mares	※2村にまたがる	●	
	ミュズィニ Musigny		●	○
ヴージョ Vougeot	クロ・ド・ヴージョ Clos de Vougeot		●	
フラジェ・エシェゾー Flagey-Échézeaux	エシェゾー Échézeaux		●	
	グラン・エシェゾー Grands-Échézeaux		●	
ヴォーヌ・ロマネ Vosne-Romanée	ラ・グランド・リュ La Grande Rue	※モノポール	●	
	リシュブール Richebourg		●	
	ラ・ロマネ La Romanée	※ヴォーヌ・ロマネ村で最小面積／モノポール	●	
	ロマネ・コンティ Romanée-Conti	※モノポール	●	
	ロマネ・サン・ヴィヴァン Romanée-Saint-Vivant		●	
	ラ・ターシュ La Tâche	※モノポール	●	

Tasting Work Book for Your Wine Skill / Classification Test

Lesson 13

シャンパーニュ地方

生産量の大半がスパークリングワインのシャンパーニュ地方。
それゆえに、ACシャンパーニュには、甘辛度、ブドウ品種、熟成期間などにより、
多彩な商品ラインナップが存在します。

A 白ブドウ（シャルドネ）のみ
ブラン・ド・ブラン

サマータイム
ポメリー
Summertime / Pommery

B 黒ブドウ（ピノ・ノワールとピノ・ムニエ）のみ
ブラン・ド・ノワール

ウインタータイム
ポメリー
Wintertime / Pommery

Memo

外観

香り

味わい

合う料理

Memo

外観

香り

味わい

合う料理

Check!

ここに気をつけて、テイスティング！

- ☐ まずは、AとBを比較。白ブドウのみと、黒ブドウのみの違いを認識しよう。
- ☐ さらに、3品種ブレンド（Ch、PN、PM）のCや、Dのロゼを比較に加え、それぞれの個性を確認。
- ☐ すべてに共通する鋭い酸、ミネラル、繊細さは、シャンパーニュのテロワールの個性です。

Ch:シャルドネ　PN:ピノ・ノワール　PM:ピノ・ムニエ

C ブリュット
スタンダードなブレンドタイプ

ブリュット・ロワイヤル ポメリー
Brut Royal／Pommery

相性のよい地方料理は？

合わせるチーズは？

Memo
- 外観
- 香り
- 味わい
- 合う料理

D ロゼ

スプリングタイム ポメリー
Springtime／Pommery

Memo
- 外観
- 香り
- 味わい
- 合う料理

59

シャンパーニュ地方

学習のポイント

- □ フランスでのブドウ栽培の北限に位置するシャンパーニュ地方は、繊細なスパークリングワイン産地として、銘醸地の地位を確立。白亜質土壌の畑では、酸とミネラル豊富なブドウが栽培されています。
- □ おもな産地は3地区。その中の17の村が、グラン・クリュの認定を受けています。グラン・クリュの名称と所在地区を確認。
- □ 主要ブドウ品種は、白ブドウのシャルドネと、黒ブドウのピノ・ノワール、ピノ・ムニエ。ブレンドの配合比率により、多彩なラインナップが生まれます。
- □ ACシャンパーニュでは、そのブランドイメージを守るために、厳しい規定のもと生産が行われています。醸造上の規定の詳細を確認しましょう。

A 白ブドウ（シャルドネ）のみ
ブラン・ド・ブラン

白ブドウのみならではの軽快さ、繊細さ。
品種個性が少ないシャルドネだからこそ、
テロワールの個性が前面に！

試飲ワイン選びのポイント
シャンパーニュ地方のブラン・ド・ブラン・ブリュット。
5,000～6,000円程度。

サマータイム
ポメリー
Summertime/Pommery

外観●中程度の濃さ、輝きのあるグリーンがかった黄色。細やかな泡が持続的に立ち上る。
香り●ボリューム中程度。青リンゴ、レモン、ライム、ミネラル、煙、ほのかにフレッシュハーブ、イーストの香り。軽快な香り。
味わい●細やかな泡がムース状に口内に広がる。爽快なアタック。繊細な果実味、細やかな酸、ミネラルがとても多い。青リンゴのようなしゃきしゃきとした清涼感。細身で端麗。キレのよい、やや辛口のスパークリングワイン。余韻は中程度。
品種●シャルドネ
アルコール度数●12.5％
合わせる料理●白身魚の刺身、魚介類とフレッシュハーブのマリネ

B 黒ブドウ（ピノ・ノワールとピノ・ムニエ）のみ
ブラン・ド・ノワール

黒ブドウのみから造る白特有の、
やや赤みを帯びた色調、
重厚なボディ。

試飲ワイン選びのポイント
シャンパーニュ地方のブラン・ド・ノワール・ブリュット。
5,000～6,000円程度。

ウインタータイム
ポメリー
Wintertime/Pommery

外観●中程度の濃さ、輝きのある、かすかにオレンジがかった黄色。細やかな泡が持続的に立ち上る。
香り●ボリューム中程度。桃のコンポート、イチジク、花の蜜、鉱物、ほのかにイーストの香り。
味わい●細やかな泡がムース状に口内に広がる。Aに比べると、どっしりとした柔和なアタック。全体がまろやかで、その内部に細やかな酸、ミネラルが多く溶け込む。清涼感がありながら、凝縮感も共存するオレンジコンポートのような印象。しなやかで艶のある、やや辛口のスパークリングワイン。余韻は中程度。
品種●ピノ・ノワール、ピノ・ムニエ
アルコール度数●12.5％
合わせる料理●鶏肉のソテー、アナゴの天ぷら

資料　シャンパーニュの代表的な商品構成

名称		特徴
ノン・ミレジメ	Non Millésimé	複数年のワインをブレンドして造られた一般的な商品。
ミレジメ	Millésimé	ブドウの出来がよい年にのみ造られる、ヴィンテージ表示付きの商品。
グラン・クリュ	Grand Cru	格付け100%クリュの畑のブドウのみから造られたシャンパーニュ。
プルミエ・クリュ	Premier Cru	格付け90%クリュ以上のブドウから造られたシャンパーニュ。
ブラン・ド・ブラン	Blanc de Blancs	シャルドネ100%から造られたシャンパーニュ。
ブラン・ド・ノワール	Blanc de Noirs	黒ブドウ（ピノ・ノワール、ピノ・ムニエ）のみから造られた白のシャンパーニュ。
ロゼ	Rosé	白ワインと赤ワインをブレンドする方法と、セニエによりロゼの原酒を造る方法がある。

C　ブリュット

スタンダードなブレンドタイプ

3種類のブドウのブレンドにより
保たれるバランス感を、
改めて実感。

試飲ワイン選びのポイント
シャンパーニュ地方のスタンダード・シャンパーニュ・ブリュット。
5,000〜6,000円程度。

ブリュット・ロワイヤル
ポメリー
Brut Royal / Pommery

外観●中程度の濃さ、輝きのあるシャンパンゴールド。細やかな泡が持続的に立ち上がる。
香り●ボリューム中程度。白桃、オレンジ、ライム、花の蜜、ミネラル、イースト、ブリオッシュの香り。
味わい●細やかでムース状の泡。上品なアタック。繊細な果実味と酸、ミネラルがとても多い。しなやかで清涼感あり、バランス良好。A・Bの特徴が融合され、優しく繊細で、キレのある、やや辛口。余韻は中程度。
品種●シャルドネ、ピノ・ノワール、ピノ・ムニエ
アルコール度数●12.5%
相性のよい地方料理●ユイトル・オ・シャンパーニュ
　（牡蠣のシャンパーニュ風）
合わせるチーズ●ブリ・ド・モー、ブリ・ド・ムラン（イル・ド・フランス地方、白カビ／牛乳）、シャウルス（シャンパーニュ地方、白カビ／牛乳）、ラングル（シャンパーニュ地方、ウォッシュ／牛乳）

◀ *Huîtres au Champagne*

D　ロゼ

酸、ミネラル豊富で繊細な中に、
赤系果実のニュアンスや
渋味がかすかに存在。

試飲ワイン選びのポイント
シャンパーニュ地方のスタンダード・ロゼ・ブリュット。
5,000〜6,000円程度。

スプリングタイム
ポメリー
Springtime / Pommery

外観●淡めのオレンジが強いサーモンピンク色。細やかな泡が持続的に立ち上がる。
香り●ボリューム中程度。ラズベリームース、ミラベルのコンポート、花の砂糖漬け、ミネラルの香り。
味わい●細やかな泡がムース状に口内に広がる。柔和なアタック。繊細な果実味、細やかな酸、ミネラルがとても多い。アセロラのようなピュアな甘酸っぱさ。ほんのわずかに渋味を感じる。全体がしなやかで清涼感あり、エレガント。キレのよい、やや辛口のロゼスパークリングワイン。余韻は中程度。
品種●ピノ・ノワール、シャルドネ、ピノ・ムニエ
アルコール度数●12.5%
合わせる料理●貝類の焼き物、エビのソテー

Lesson 14

ロワール地方

フランス最長1,000kmにもおよぶロワール河沿岸の広大な産地では、多様なテロワールに適合したブドウ品種から、さまざまなタイプのワインを生産。各地区を代表するワインのテイスティングを通して、4地区の特徴を確認しましょう。

A　ペイ・ナンテ地区／ミュスカデ
ミュスカデ・セーヴル・エ・メーヌ

ミュスカデ・セーヴル・エ・メーヌ・シュール・リー プティ・ムートン
ドメーヌ・グラン・ムートン
Muscadet Sèvre et Maine Sur Lie Petit Mouton／Domaine Grand Mouton

相性のよい地方料理は？

Memo

- 外観
- 香り
- 味わい
- 合う料理

B　トゥーレーヌ地区／シュナン・ブラン
ヴーヴレ

ヴーヴレ・セック
ドメーヌ・ヴィニョー・シュヴロー
Vouvray Sec／Domaine Vigneau-Chevreau

相性のよい地方料理は？

Memo

- 外観
- 香り
- 味わい
- 合う料理

Check! ここに気をつけて、テイスティング！

- □ 白ワイン2種類は、香り、質感、果実味、酸味、余韻などの比較で、品種個性を確認。
- □ 今回の白2種類に加え、Lesson1と3で登場したサンセール（ソーヴィニヨン・ブラン）の特徴も確認。
- □ 赤ワイン2種類は、外観、香り、味わいの違いを比較。合わせる料理も意識しよう。

C サンセール
サントル・ニヴェルネ地区／ピノ・ノワール

サンセール・ルージュ・ル・グラン・シュマラン　ドメーヌ・リュシアン・クロシェ
Sancerre Rouge le Grand Chemarin／Domaine Lusien Crochet

合わせるチーズは？

Memo

外観

香り

味わい

合う料理

D シノン
トゥーレーヌ地区／カベルネ・フラン

シノン・レ・モンティフォール　ラングロワ・シャトー
Chinon les Montifault／Langlois-Château

相性のよい地方料理は？

合わせるチーズは？

Memo

外観

香り

味わい

合う料理

ロワール地方

学習のポイント

- □ フランス北西部、ロワール河流域の広大な産地は、河の上流から下流にかけて、4地区に区分されています。各地区の気候、主要品種、主なワインのタイプを確認。
- □ 全般的に冷涼な気候のため、酸が豊かで、軽快なワインを産出。赤、白、ロゼ、スパークリングなどラインナップも多彩です。代表的なアペラシオンと、そのブドウ品種、生産可能色をチェック。
- □ 中流域のアンジュー・ソミュール地区、トゥーレーヌ地区の白ワインの大半は、アロマティックな香りが特徴のシュナン・ブランから。貴腐ブドウを用いた甘口、辛口、スパークリングなどさまざまなスタイルのアペラシオンが存在するため、味わいのタイプを整理して覚えましょう。

A　ペイ・ナンテ地区／ミュスカデ
ミュスカデ・セーヴル・エ・メーヌ・シュール・リー

ミュスカデは際立つ鋭い酸が特徴で、果実味は控えめ。シュール・リーにより、イースト的な香りも。

試飲ワイン選びのポイント
ペイ・ナンテ地区のミュスカデ。
シュール・リー製法を用いているもの。
1,500～2,000円程度。

ミュスカデ・セーヴル・エ・メーヌ　シュール・リー・プティ・ムートン　ドメーヌ・グラン・ムートン
Muscadet Sévre et Maine Sur Lie Petit Mouton/Domaine Grand Mouton

外観●淡いグリーンがかった黄色。粘性はやや弱め。清澄度良好。
香り●ボリュームやや弱め。比較的シンプル。ライム、青リンゴ、白い花、ミネラル、ほのかにイーストの香り。
味わい●ドライで爽快なアタック。やや控えめだが新鮮な果実味。鋭く引き締まった酸がとても多い。ミネラル感もあり。キレのよいライトボディの辛口白ワイン。余韻は短め。
品種●ミュスカデ
アルコール度数●12%
合わせる料理●生牡蠣
相性のよい地方料理●ブロシェ・オ・ブール・ナンテ（川かます、ブールナンテ）

◀ Brochet au Beurre Nantais

B　トゥーレーヌ地区／シュナン・ブラン
ヴーヴレ

カリンや蜂蜜の華やかなアロマと、中心部を貫く硬質な酸がシュナン・ブランの個性。ヴーヴレでは、甘口から辛口が存在。

試飲ワイン選びのポイント
トゥーレーヌ地区のシュナン・ブラン・セック。
ACヴーヴレもしくはACモンルイ・シュール・ロワール。
2,000～3,000円程度。

ヴーヴレ・セック　ドメーヌ・ヴィニョー・シュヴロー
Vouvray Sec/Domaine Vigneau-Chevreau

外観●中程度の濃さ、グリーンがかった輝きのある黄色。粘性は中程度。清澄度良好。
香り●ボリューム中程度からやや大きめ。カリン、金柑のコンポート、蜂蜜、鉱物の香り。品種自体のアロマ豊か。
味わい●上品なアタック。フレッシュな果実味、なめらかな舌触り、内部に固く引き締まった硬質な酸とミネラルが多く存在する、冷涼地らしい清涼感を持ちつつ、緻密に融合。艶やかで、伸びのあるミディアムボディの辛口白ワイン。余韻は中程度。
品種●シュナン・ブラン
アルコール度数●12.5%
合わせる料理●白身魚の蒸しもの、茶巾寿司
相性のよい地方料理●アンドゥイエット（豚の内臓のソーセージ）、リエット・ド・トゥール（トゥール風豚肉のペースト）

◀ Andouillette

資料 ヴァル・ド・ロワールのワイン生産地区と主要品種、気候

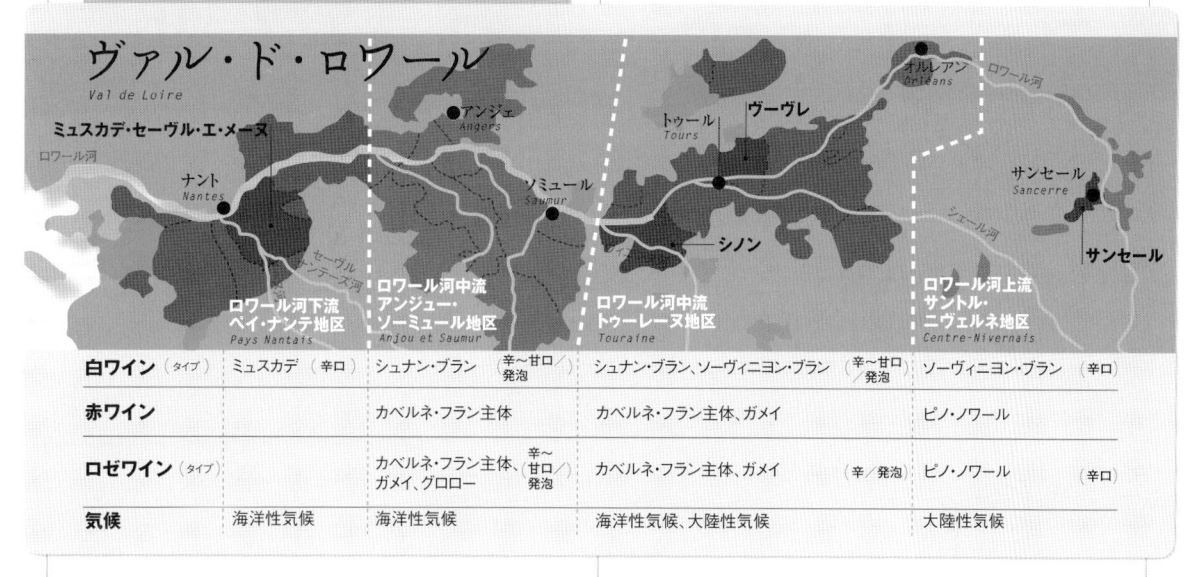

ヴァル・ド・ロワール
Val de Loire

	ロワール河下流ペイ・ナンテ地区 Pays Nantais	ロワール河中流アンジュー・ソーミュール地区 Anjou et Saumur	ロワール河中流トゥーレーヌ地区 Touraine	ロワール河上流サントル・ニヴェルネ地区 Centre-Nivernais
白ワイン（タイプ）	ミュスカデ（辛口）	シュナン・ブラン（辛～甘口/発泡）	シュナン・ブラン、ソーヴィニヨン・ブラン（辛～甘口/発泡）	ソーヴィニヨン・ブラン（辛口）
赤ワイン		カベルネ・フラン主体	カベルネ・フラン主体、ガメイ	ピノ・ノワール
ロゼワイン（タイプ）		カベルネ・フラン主体、ガメイ、グロロー（辛～甘口/発泡）	カベルネ・フラン主体、ガメイ（辛/発泡）	ピノ・ノワール（辛口）
気候	海洋性気候	海洋性気候	海洋性気候、大陸性気候	大陸性気候

C サンセール
サントル・ニヴェルネ地区／ピノ・ノワール

ブルゴーニュ・ピノより軽快。
甘酸っぱい赤系果実や花の香り、
鋭い酸とミネラルが特徴。

試飲ワイン選びのポイント
サントル・ニヴェルネ地区のピノ・ノワール。
ACサンセール、ACルイィ、ACメヌトゥー・サロン。
3,500～4,500円程度。

**サンセール・ルージュ・ル・グラン・シュマラン
ドメーヌ・リュシアン・クロシェ**
Sancerre Rouge le Grand Chemarin／Domaine Lusien Crochet

外観●淡め、透明感、輝きのあるルビー色。粘性中程度。清澄度良好。
香り●ボリューム中程度。ラズベリー、アセロラ、スミレの花、火打石の香り。
味わい●なめらかなアタック。フレッシュな果実味。細やかな酸とミネラルが多く、果実味に溶け込む。渋味は少なめ。全体が上品にまとまり、軽快さもあり。しなやかなライトミディアムボディの赤ワイン。余韻中程度。
品種●ピノ・ノワール
アルコール度数●13％
合わせる料理●鶏肉のソテー、イワシのソテー
合わせるチーズ●プーリニィ・サン・ピエール、セル・シュール・シェール、ヴァランセ、クロタン・ド・シャヴィニョール他（ロワール地方、シェーヴル）

D シノン
トゥーレーヌ地区／カベルネ・フラン

カベルネ・フランは
青野菜風味が特徴。
カベルネ・ソーヴィニヨンよりも軽快。

試飲ワイン選びのポイント
アンジュー・ソーミュール地区またはトゥーレーヌ地区の
ACソーミュール・シャンピニィ、ACシノン、ACブルグイユなど。
2,000～3,500円程度。

**シノン・レ・モンティフォール
ラングロワ・シャトー**
Chinon les Montifault／Langlois-Château

外観●中程度の濃さ、輝きのあるルビー色。粘性は中程度。清澄度良好。
香り●ボリュームは中程度。ブルーベリー、紫色のプラム、スミレの花、ピーマンなど青野菜の香り。
味わい●なめらかなアタック。フレッシュな果実味。酸はやや多めで細やかなタンニンが中程度に存在。全体にしなやかでエレガント。余韻は中程度。ミディアムボディ。
品種●カベルネ・フラン
アルコール度数●12.5％
合わせる料理●牛肉と青野菜のソテー、焼き鳥
相性のよい地方料理●マトロット・ダンギーユ(ウナギの赤ワイン煮)
合わせるチーズ●サント・モール・ド・トゥーレーヌ、セル・シュール・シェール、ヴァランセ他（ロワール地方、シェーヴル）

◀ Matelote d'Anguille

Lesson 15

コート・デュ・ローヌ地方

南東部のコート・デュ・ローヌ地方は、ボルドーに次ぎA.O.C.ワイン生産量が多い産地です。温暖な気候で熟したブドウを用い、果実のボリューム感あるパワフルでスパイシーなワインを産出。まずは代表的な品種の個性を探求しましょう。

A　ヴァン・ド・ペイ／ヴィオニエ
ヴァン・ド・ペイ・ラルデッシュ

ヴィオニエ・ド・ラルデッシュ・ドメーヌ・デ・グランジェ・ド・ミラベル
M.シャプティエ
Viognier de l'Ardeche Domaine des Granges de Mirabel／M.Chapoutier

合わせるチーズは？

Memo
外観

香り

味わい

合う料理

B　北部地区／マルサンヌ、ルーサンヌ
クローズ・エルミタージュ

クローズ・エルミタージュ・ブラン
E.ギガル
Crozes-Hermitage Blanc／E.Guigal

合わせるチーズは？

Memo
外観

香り

味わい

合う料理

ワイン力をアップするテイスティング・ワークブック　ワインの試験対策

66

ここに気をつけて、テイスティング！

- ☐ ロワール、ブルゴーニュなど今までに登場した北部産地と、ボディの厚みや酸の質の違いを認識。
- ☐ 白ワイン2種類は、香り、味わいなどの比較で、品種個性を確認。
- ☐ 赤ワイン2種類は、北部のシラーと、南部の主要品種グルナッシュの個性を比較。

北部地区／シラー

C サン・ジョセフ

サン・ジョセフ・デシャン
M.シャプティエ
Saint-Joseph Deschants／M.Chapoutier

合わせるチーズは？

Memo

外観

香り

味わい

合う料理

南部地区／グルナッシュ主体

D ジゴンダス

ジゴンダス
M.シャプティエ
Gigondas／M.Chapoutier

合わせるチーズは？

Memo

外観

香り

味わい

合う料理

Tasting Workbook for Your Wine Skill　Preparation for the Certified Exam

67

コート・デュ・ローヌ地方

学習のポイント

- □ コート・デュ・ローヌ地方は、ヴィエンヌからアヴィニョンまでのローヌ河沿い南北200kmに産地が広がります。テロワールの違いから北部と南部に区分、双方の特徴を地図とともに理解しましょう。
- □ 北部の赤ワインは、シラーから造られる高品質ワイン。また、ヴィオニエを用いた白ワイン、シャトー・グリエとコンドリューも有名です。代表的なアペラシオンの位置、生産可能色を確認。
- □ 南部では、複数品種の混醸が主体。中でも有名なシャトーヌフ・デュ・パプは、13品種の使用が許可されています。有名なアペラシオンを確認しましょう。
- □ 南部の赤ワインの主要品種は、グルナッシュです。

A ヴァン・ド・ペイ・ラルデッシュ
ヴァン・ド・ペイ／ヴィオニエ

黄色い果実や花の華やかな香りと、とろりとなめらかな質感がヴィオニエの個性。

試飲ワイン選びのポイント
コート・デュ・ローヌ地方のACコート・デュ・ローヌや、ヴァン・ド・ペイでヴィオニエ主体のもの。または北部のACコンドリュー。
2,000〜3,000円程度（コンドリューの場合は8,000円前後）。

ヴィオニエ・ド・ラルデッシュ・ドメーヌ・デ・グランジェ・ド・ミラベル
M.シャプティエ
Viognier de l'Ardeche Domaine des Granges de Mirabel／M.Chapoutier

外観●中程度の濃さ、輝きのあるグリーンがかった黄色。粘性は強い。清澄度良好。
香り●ボリューム大きめ。黄桃のコンポート、アプリコット、ユリの花、アカシアの蜂蜜の香り。品種固有の華やかなアロマが強い。
味わい●柔和なアタック。凝縮した果実味。全体がなめらかでまろやか、内部には柔らかい酸が中程度に存在、バランスよく融合する。アルコールは高いが、繊細さも感じられ、かすかな心地よいほろ苦みですっきりとした後味。フルボディの辛口白ワイン。余韻は中程度〜やや長め。
品種●ヴィオニエ
アルコール度数●14%
合わせる料理●ホタテ貝のバターソテー、魚介類のテリーヌ
合わせるチーズ●ピコドン（コート・デュ・ローヌ地方、シェーヴル）

B クローズ・エルミタージュ
北部地区／マルサンヌ、ルーサンヌ

丸みのある腰の据わったボディに溶ける白コショウ、ドライハーブ風味が特徴。

試飲ワイン選びのポイント
コート・デュ・ローヌ地方北部のクローズ・エルミタージュ、サン・ペレイなど。
3,000〜4,000円程度。

クローズ・エルミタージュ・ブラン
E.ギガル
Crozes-Hermitage Blanc／E.Guigal

外観●中程度の濃さ、やや麦わら色がかった黄色。粘性は強め。清澄度良好。
香り●ボリューム中程度〜やや大きめ。洋ナシや白桃のコンポート、粉おしろい、生アーモンド、白コショウ、ドライハーブの香り。
味わい●とろりとなめらかな触感だが、ドライなアタック。凝縮した果実味。酸は穏やか。温暖地らしいどっしりと腰の据わった印象で、白コショウのようなスパイシーさや、ほろ苦みが込み上げる。ミディアムフルボディの辛口白ワイン。余韻はやや長め。
品種●マルサンヌ主体、ルーサンヌ
アルコール度数●12.5%
合わせる料理●豚肉のソテー、エビのチリソース
合わせるチーズ●ピコドン（コート・デュ・ローヌ地方、シェーヴル）

資料　ローヌ北部と南部の特徴

北部の特徴

気候	大陸性気候	アペラシオン	
土壌	花崗岩、片岩質の切り立った急斜面	1	コート・ロティ
		2	シャトー・グリエ
おもなブドウ品種	黒ブドウ：シラー 白ブドウ：ヴィオニエ、マルサンヌ、ルーサンヌ	3,4	コンドリュー
		4,5	サン・ジョセフ
		6	エルミタージュ
ワインのタイプ	高品質少量生産の赤、白のクリュワイン主体	7	クローズ・エルミタージュ
		8	コルナス

南部の特徴

気候	地中海性気候	アペラシオン	
おもなブドウ品種	黒ブドウ：グルナッシュ主体 白ブドウ：マルサンヌ、ルーサンヌ他	9	ヴァケイラス
		10	ジゴンダス
ワインのタイプ	量産タイプのカジュアルワイン、クリュワイン、赤、白、ロゼ、酒精強化ワインなど多彩なラインナップ	11	シャトーヌフ・デュ・パプ

※点線で囲まれた部分はA.O.C.コート・デュ・ローヌを名乗ることができる地域。

C　北部地区／シラー
サン・ジョセフ

スミレの花、黒コショウ、鉄の香り。
スパイシーでワイルドな味わい。
ローヌのシラーは、意外に酸も多い。

試飲ワイン選びのポイント
コート・デュ・ローヌ地方北部の赤ワイン。
ACサン・ジョセフ、ACクローズ・エルミタージュなど。
3,000～4,000円程度。

サン・ジョセフ・デシャン
M.シャプティエ
Saint-Joseph Deschants／M.Chapoutier

外観●やや濃い赤紫色。粘性はやや高め。清澄度良好。
香り●ボリューム中程度～やや大きめ。ダークチェリー、紫色のプラム、スミレの花、黒オリーブ、鉄、黒コショウの香り。
味わい●しなやかなアタック。凝縮した果実味。酸はやや多めで、存在感あり。細やかな渋味が多く収斂がある。緻密でなめらかながら、スパイシーで、野性的。フルボディの赤ワイン。余韻はやや長め。
品種●シラー
アルコール度数●13%
合わせる料理●鹿肉のロースト、レバーのソテー
合わせるチーズ●ブリ・ド・ムラン（イル・ド・フランス地方、白カビ／牛乳）、リヴァロ（ノルマンディー地方、ウォッシュ／牛乳）

D　南部地区／グルナッシュ主体
ジゴンダス

イチゴジャムのような濃縮果実味と
黒コショウ風味が融合した、
なめらかでパワフルなボディがグルナッシュの個性。

試飲ワイン選びのポイント
コート・デュ・ローヌ地方南部のACジゴンダス、ACヴァケイラス、ACシャトーヌフ・デュ・パプなどグルナッシュ主体の赤ワイン。
3,500～4,500円程度。

ジゴンダス
M.シャプティエ
Gigondas／M.Chapoutier

外観●中程度～やや濃いめ、透明感、輝きのある赤色。粘性は高い。清澄度良好。
香り●ボリューム大きめ。イチゴジャム、バラのドライノラリー、黒コショウ、甘草、丁子、土の香り。
味わい●パワフルなアタック。凝縮した果実味。酸は穏やか。中程度の渋味。温暖地ならではのボリュームで、アルコールが高く、黒コショウのようなスパイシーさがある。フルボディの赤ワイン。余韻は長め。
品種●グルナッシュ主体　シラー、サンソーなど
アルコール度数●14.5%
合わせる料理●仔羊の煮込み、豚塊肉の炭火焼
合わせるチーズ●カマンベール・ド・ノルマンディー（ノルマンディー地方、白カビ／牛乳）、ピコドン（コート・デュ・ローヌ地方、シェーヴル／山羊乳）、フルム・ダンベール（オーヴェルニュ地方、青カビ／牛乳）、ロックフォール（ラングドック地方、青カビ／羊乳）、カンタル、サレール、ライオール（オーヴェルニュ地方、圧搾／牛乳）

Lesson 16

ドイツワインの主要品種

ブドウの栽培地としては北限に位置する冷涼なドイツでは、寒さが和らぐ河川流域を中心に畑が形成されています。甘口白ワインの印象が強いドイツワインですが、近年は辛口白ワインや、赤ワインも増加傾向です。

ラインガウ地方

A リースリング・カビネット

シュタインベルガー・リースリング・カビネット
クロスター・エーバーバッハ醸造所
Steinberger Riesling Kabinett／Kloster Eberbach

Memo
外観

香り

味わい

合う料理

ラインガウ地方

B リースリング・トロッケン

ソヴァージュ・リースリング Q.b.A. トロッケン
ゲオルク・ブロイヤー
Souvage Riesling Q.b.A. Trocken／Georg Breuer

Memo
外観

香り

味わい

合う料理

ワイン力をアップするテイスティング・ワークブック　ワインの試験対策

70

ここに気をつけて、テイスティング！

- ☐ AとBでは、リースリングのやや甘口と辛口のスタイルの違いを確認。
- ☐ BとCでは、香り、味わいなどから、品種、テロワールの個性をとらえよう。
- ☐ 白ワインも赤ワインも、寒冷地のワインに共通する引き締まった酸を認識しよう。

フランケン地方

C シルヴァーナ・トロッケン

ランダースアッカー・ゾンネンシュトゥール・
シルヴァーナ・カビネット・トロッケン
ヴァイングート・シュテアライン
Randersacker Sonnenstubl Silvaner Kabinett Trocken／
Weingut Störrlein

Memo
外観

香り

味わい

合う料理

ラインガウ地方

D シュペート・ブルグンダー

ルージュ・シュペートブルグンダーQ.b.A. トロッケン
ゲオルク・ブロイヤー
Rouge Spätburgunder Q.b.A. Trocken／Georg Breuer

Memo
外観

香り

味わい

合う料理

ドイツワインの主要品種

学習のポイント

- ドイツのワイン産地は北緯47〜52度と、北半球における北限地。寒さが和らぐ河川流域に広がる13のワインの栽培地域の位置と特徴を、地図とともに確認しましょう。河の名前もチェック。
- ドイツで最も栽培面積が多い白ブドウはリースリング、黒ブドウはシュペート・ブルグンダー(ピノ・ノワール)。それぞれ、上位5位くらいまでのブドウ品種を確認。ドイツでは、ヴィティス・ヴィニフェラ種だけでなく、寒冷地に向く交配品種も多く栽培されています。
- ドイツでブドウ栽培、ワイン生産がスタートしたのは、1〜2世紀ごろ。フランス同様、ローマ人によりワイン造りが伝播。また、中世は修道院を中心にさまざまな技術が発展。ドイツワインの歴史も確認しましょう。

A　ラインガウ地方
リースリング・カビネット

軽快ながら、口内が冷たくなるような
硬い酸とミネラルの豊富さが
ドイツリースリングの個性。

試飲ワイン選びのポイント
ラインガウ地方のプレディカーツヴァイン。リースリング・カビネット。3,000円程度。

シュタインベルガー・リースリング・カビネット
クロスター・エーバーバッハ醸造所
Steinberger Riesling Kabinett／Kloster Eberbach

外観●淡め、かすかにグリーンがかった黄色。粘性弱め。微発泡が残る。
香り●ボリューム中程度。リンゴ、ライム、白い花、ミネラル、ほのかに石油の香り。繊細な香り。
味わい●軽快で上品なアタック。フレッシュな果実味に、引き締まった硬い酸とミネラルがとても多く存在。フルーティで繊細、アルコールが低く、ライトボディの白ワイン。やや甘口。余韻は中程度。
品種●リースリング
アルコール度数●8.5％
合わせる料理●シュークルート、押し寿司

B　ラインガウ地方
リースリング・トロッケン

辛口では酸とミネラルが
より強調され、端麗な印象に!
アルザスより軽快。

試飲ワイン選びのポイント
ラインガウ地方のQ.b.A. リースリング。クラシック、トロッケンなど辛口。3,000円程度。

ソヴァージュ・リースリングQ.b.A.トロッケン
ゲオルク・ブロイヤー
Souvage Riesling Q.b.A. Trocken／Georg Breuer

外観●やや淡め、輝きのある黄色。粘性中程度。清澄度良好。
香り●ボリューム中程度。黄リンゴ、ミネラル、鉱石、石油の香り。
味わい●しなやかで上品なアタック。フレッシュで伸びやかな果実味。引き締まった硬い酸とミネラルがとても多く存在、果実味と融合し、なめらか。アフターまでミネラル感が強い。軽快だが芯があり、キレのよいライトボディの辛口。余韻は中程度。
品種●リースリング
アルコール度数●11.7％
合わせる料理●白身魚のカルパッチョ、鯛の塩焼き

資料　ドイツワインの13限定生産地域

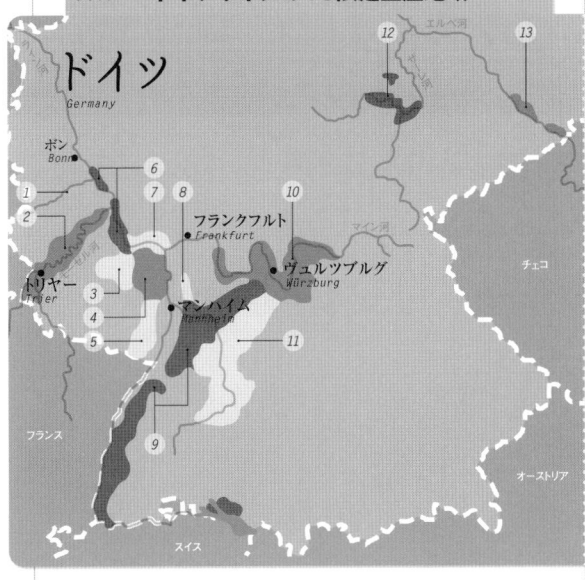

#		
1	アール	Ahr
2	モーゼル	Mosel
3	ナーエ	Nahe
4	ラインヘッセン	Rheinhessen
5	ファルツ	Pfalz
6	ミッテルライン	Mittelrhein
7	ラインガウ	Rheingau
8	ヘッシェ・ベルクシュトラーセ	Hessische Bergstraße
9	バーデン	Baden
10	フランケン	Franken
11	ヴュルテムベルク	Württemberg
12	ザーレ・ウンストルート	Saale-Unstrut
13	ザクセン	Sachsen

C　フランケン地方
シルヴァーナ・トロッケン

リースリングより酸は穏やか。
フランケンならではの粉っぽい
ミネラルが多く、筋肉質なボディ。

試飲ワイン選びのポイント
フランケン地方のシルヴァーナの辛口。
3,000〜4,000円程度。

**ランダースアッカー・ゾンネンシュトゥール・
シルヴァーナ・カビネット・トロッケン
ヴァイングート・シュテアライン**
*Randersacker Sonnenstubl Silvaner Kabinett Trocken／
Weingut Störrlein*

外観●やや淡め、麦わら色がかった黄色。粘性中程度。清澄度良好。
香り●ボリュームやや控えめ。石灰の粉のような鉱物香が強い。柑橘、リンゴ、白い花、火打石、煙の香り。
味わい●なめらかでどっしりとしたアタック。凝縮感ある果実味。リースリングほど細くはないが、引き締まった酸が中程度、バランスよく存在。とにかくミネラル豊富。引き締まり、筋肉質な印象。キレのよい後味。ミディアムボディの辛口。余韻は中〜やや長め。
品種●シルヴァーナ
アルコール度数●12.5%
合わせる料理●豚肉と野菜の白ワイン煮、キノコの天ぷら

D　ラインガウ地方
シュペート・ブルグンダー

ブルゴーニュの
ピノ・ノワールより、
軽快でチャーミング。

試飲ワイン選びのポイント
ドイツのシュペートブルグンダー。プレディカーツヴァインまたはQ.b.A.。
3,000〜4,000円程度。

**ルージュ・シュペートブルグンダー
Q.b.A. トロッケン
ゲオルク・ブロイヤー**
Rouge Spätburgunder Q.b.A. Trocken／Georg Breuer

外観●淡め、透明感、照りのあるルビー色。粘性中程度。清澄度良好。
香り●ボリューム中程度。ラズベリー、チェリー、赤い花など植物、ミネラルなど軽快でチャーミングな香り。
味わい●軽快なアタック。フレッシュでみずみずしい果実味。しなやかな酸が多め。タンニンはやや少なめ。ミネラルが多く融合。細身だがエレガント。ライトミディアムボディの赤ワイン。余韻は中程度。
品種●ピノ・ノワール
アルコール度数●12.6%
合わせる料理●鶏肉のソテー、カツオのたたき

Lesson 17

ドイツワインの品質等級

ドイツのワイン法は、EU基準に沿った原産地統制呼称制度と、ドイツ独自の果汁の糖度による品質等級を併用。ここでは、同原産地、同品種のワインから、3つの異なる品質等級の違いを体感してみましょう。

A モーゼル地方
リースリングQ.b.A

ヴィッラ・ローゼン・リースリングQ.b.A
ドクター・ローゼン
Villa Loosen Riesling Q.b.A./Dr.Loosen

Memo
- 外観
- 香り
- 味わい
- 合う料理

B モーゼル地方
リースリング・カビネット

グラーハー・ヒンメルライヒ・リースリング・カビネット
ドクター・ローゼン
Graacher Himmelreich Riesling Kabinett/Dr.Loosen

Memo
- 外観
- 香り
- 味わい
- 合う料理

ここに気をつけて、テイスティング！

- ☐ まずは、香りや味わいにおける3つの共通点を確認。これがテロワールや品種の特徴です。
- ☐ 外観、香りの強弱、複雑性、ボリューム、余韻などを比較。
- ☐ テイスティングとともに、品質等級の規制事項を確認。

モーゼル地方

C リースリング・シュペトレーゼ

グラーハー・ヒンメルライヒ・リースリング・シュペトレーゼ
ドクター・ローゼン
Graacher Himmelreich Riesling Spätlese／Dr.Loosen

Memo

外観

香り

味わい

合う料理

ドイツワインの品質等級

学習のポイント

- ドイツのワイン法を理解しましょう。まず、原産地統制呼称制度の4カテゴリーの名称、規制事項を確認。
- プレディカーツヴァインに関して適用される、ドイツ独自の果汁の糖度による品質等級6カテゴリーの名称、内容をチェック。
- 2000年より、高品質辛ロワインに関して新たな品質等級が新設。『クラシック』『セレクション』の規制事項も確認しましょう。
- ドイツワインの産地は、限定栽培地域(ベシュティムテ・アンバウゲビーテ)、地区(ベライヒ)、畑(ラーゲ)の3段階の階層構造で区分されています。

A モーゼル地方 リースリング Q.b.A

軽快でチャーミングな
モーゼル地方のリースリングを
素直に表現。

試飲ワイン選びのポイント
モーゼル地方のQ.b.A.リースリング。
2,000円前後程度。

ヴィッラ・ローゼン・リースリング Q.b.A
ドクター・ローゼン
Villa Loosen Riesling Q.b.A./Dr.Loosen

外観●とても淡いペールグリーン。粘性弱め。かすかに微発泡が残る。
香り●ボリュームやや控えめ。青リンゴ、ライム、白い花、ほのかにフレッシュハーブや石油の香り。比較的シンプルだが、クリーンな香り。
味わい●軽快なアタック。フレッシュな果実味に、若々しい酸とミネラルが多く存在。ピュアさとクリーンさを感じ、バランスがよい。後味はすっきりキレがよい。アルコールが低く、ライトボディの白ワイン。やや甘口。余韻はやや短め。
品種●リースリング
アルコール度数●8.7%
合わせる料理●フルーツサンド、アペリティフとして

B モーゼル地方 リースリング・カビネット

ラインガウ地方のカビネットと比較すると、
より軽快でフルーティ。同時に、
石油のようなペトロール香が強い。

試飲ワイン選びのポイント
モーゼル地方のプレディカーツヴァイン。リースリング・カビネット。
2,500～3,500円程度。

グラーハー・ヒンメルライヒ・
リースリング・カビネット
ドクター・ローゼン
Graacher Himmelreich Riesling Kabinett/Dr.Loosen

外観●淡め、グリーンがかった黄色。粘性弱め。かすかに微発泡が残る。
香り●ボリューム中程度。リンゴ、ライム、白い花、ミネラル、石油の香り。繊細な香り。
味わい●軽快で上品なアタック。フレッシュな果実味に、ぴちぴちと弾ける酸とミネラルがとても多く存在。フルーティで繊細、細身だがしなやか。アルコールが低く、ライトボディの白ワイン。やや甘口。余韻は中程度。
品種●リースリング
アルコール度数●8%
合わせる料理●シュークルート、ちらし寿司

資料　ドイツワイン法における階層構造

	名称	最低アルコール度数	生産地	規制事項
Prädikatswein	プレディカーツヴァイン		アンバウゲビーテ内の1ベライヒブドウ限定	果汁の糖度により、6段階の品質等級に区別された格付けを併記する。
Q.b.A.	Q.b.A.	7%	13アンバウゲビーテ内の1地域内のブドウ限定	
Landwein	ラントヴァイン	8.5%	19地域に区分、地域らしさが出た地酒的ワイン	味のタイプは辛口（トロッケン）、または半辛口（ハルプトロッケン）のみ。
Tafelwein	ターフェルヴァイン	8.5%	ドイツ国内のブドウを使用	

Prädikatswein	名称	最低アルコール度数	備考
Trockenbeerenauslese	トロッケンベーレンアウスレーゼ	5.5%	基本的には貴腐ブドウ
Eiswein	アイスヴァイン	5.5%	通常収穫の翌年まで木につけたままで放置し、真冬に凍結した果実を収穫、圧搾して得た果汁
Beerenauslese	ベーレンアウスレーゼ	5.5%	貴腐ブドウか、過熟状態のブドウ
Auslese	アウスレーゼ	7%	充分に熟した房選り
Spätlese	シュペトレーゼ	7%	通常収穫より少なくとも1週間以上遅摘みにしたブドウ
Kabinett	カビネット	7%	通常収穫

モーゼル地方

リースリング・シュペトレーゼ
C

元来の特徴はカビネットと同様だが、
ブドウの糖度が高い分、
すべての要素が濃縮された印象。

試飲ワイン選びのポイント
モーゼル地方のプレディカーツヴァイン。リースリング・シュペトレーゼ。
4,000〜5,000円程度。

グラーハー・ヒンメルライヒ・リースリング・シュペトレーゼ ドクター・ローゼン
Graacher Himmelreich Riesling Spätlese／Dr.Loosen

外観●やや淡め〜中程度、かすかにグリーンがかった黄色。粘性弱め。
香り●ボリューム中程度。ライム、金柑の蜜煮、白桃、蜂蜜、ミネラル、石油の香り。カビネットより甘い香りで、ペトロール香も明確。
味わい●なめらかで上品なアタック。とろりとした触感で、凝縮感とフレッシュさが共存する果実味。ぴちぴちと弾けるような軽快な酸とミネラルがとても多く存在。カビネットよりメリハリがあり　フルーティでエレガント。後味は清涼感あり。アルコールが低く、ライトボディの甘口白ワイン。余韻は中程度。
品種●リースリング
アルコール度数●8.5%
合わせる料理●フルーツケーキ、フルーツコンポート

Lesson 18

イタリアの白ワイン

世界のワイン生産量首位をフランスと常に競い合うワイン大国イタリアでは、20州すべてでワインを生産。各地に根付いたブドウ品種が数多く栽培され、ワインのタイプは実に多彩。まずは、スプマンテと白ワインをテイスティングしましょう。

A ヴェネト州／シャルマ方式スプマンテ
プロセッコ

プロセッコ・コネリアーノ・ヴァルドッビアーデネ・ブリュット
ベッレンダ
Prosecco Conegliano Valdobbiadene Brut／Bellenda

B ロンバルディア州／トラディショナル方式スプマンテ
フランチャコルタ

フランチャコルタ・ブリュット・キュヴェ・プレステージ
カ・デル・ボスコ
Franciacorta Brut Cuvée Prestige／Ca'del Bosco

合わせる
チーズは？

Memo
- 外観
- 香り
- 味わい
- 合う料理

Memo
- 外観
- 香り
- 味わい
- 合う料理

ワイン力をアップするテイスティング・ワークブック　ワインの試験対策

ここに気をつけて、テイスティング！

- □ スプマンテ2種は、製法が異なります。香り、味わい、泡の状態の違いを確認。
- □ 白ワイン2種は、ともに土地に根付いたブドウから。場所を確認しながら、個性をとらえよう。
- □ 各ワインの個性を認識しながら、それぞれのワインに合う料理も考えましょう。

C　ソアーヴェ・クラッシコ
ヴェネト州／ガルガーネガ

ソアーヴェ・クラッシコ
ピエロパン
Soave Classico／Pieropan

相性のよい地方料理は？

合わせるチーズは？

Memo

外観

香り

味わい

合う料理

D　グレコ・ディ・トゥーフォ
カンパーニア州／グレコ

グレコ・ディ・トゥーフォ
フェウディ・ディ・サン・グレゴリオ
Greco di Tufo／Feudi di San Gregorio

相性のよい地方料理は？

合わせるチーズは？

Memo

外観

香り

味わい

合う料理

イタリアの白ワイン

学習のポイント

- 南北1200kmの細長い半島に位置するイタリア。地中海性気候で温暖なイタリアでは、20州すべてでワインを生産。各州の名称と位置、テロワールに影響を与える周囲の海や山脈の名称を確認しましょう。
- ワイン用として認められているブドウ品種は400品種以上。栽培面積が最も多い白ブドウはカタラット・ビアンコ。黒ブドウは、サンジョヴェーゼ。白、黒ブドウとも、栽培面積上位のブドウ品種を確認。
- イタリアにブドウ栽培、ワイン生産を伝えたのは、古代ギリシア人。紀元前6世紀ごろ、南イタリアに足を踏み入れたギリシア人は、イタリア半島に羨望の気持ちを込めて『エノトリア・テルス』(ワインの大地)と呼びました。

A ヴェネト州／シャルマ方式スプマンテ
プロセッコ

青リンゴやハーブ風味が爽やか。
シャルマ方式では、ブドウ本来の個性と、ちりちりと弾ける軽快な泡が特徴。

試飲ワイン選びのポイント
ヴェネト州のプロセッコ。
2,000～3,000円程度。

プロセッコ・コネリアーノ・ヴァルドッビアーデネ・ブリュット ベッレンダ
Prosecco Conegliano Valdobbiadene Brut/Bellenda

外観●淡めのグリーンがかった黄色。勢いのよい細やかな泡。
香り●ボリューム中程度。白い花、青リンゴ、干し草、ミネラルなど、清々しい香り。
味わい●細かい泡が、軽快にちりちりと弾ける。爽快なアタック。フレッシュな果実味。若々しく柔らかい酸が中程度。後味でほのかにフレッシュハーブ風味のようなエグミ。軽快で清涼感漂う、キレのよいやや辛口のスパークリングワイン。余韻はやや短め。
品種●プロセッコ
アルコール度数●11.5%
合わせる料理●野菜や魚介のグリル、生ハム

B ロンバルディア州／トラディショナル方式スプマンテ
フランチャコルタ

瓶内2次発酵ならではのムース状の
細やかな泡とクリスピーさ。シャンパーニュに
比べると温暖な分、果実味がしっかり存在。

試飲ワイン選びのポイント
ロンバルディア州のフランチャコルタ・ブリュット。
4,000～5,000円程度。

フランチャコルタ・ブリュット・キュヴェ・プレステージ カ・デル・ボスコ
Franciacorta Brut Cuvée Prestige/Ca'del Bosco

外観●濃く、照り、輝きのある黄金色。規則正しく持続性のある細やかな泡。
香り●ボリュームやや大きめ。ミラベル、オレンジ、白い花、カステラ、ロースティな香り。
味わい●クリーミーで繊細な泡がムース状に広がる。柔和なアタック。フレッシュで凝縮感もある果実味。しなやかな酸が中程度に存在、ほのかなロースティさとともに、バランスよく溶け、なめらかで伸びやか。コクがありながら、爽快さも併せ持つ、やや辛口のスパークリングワイン。余韻はやや長め。
品種●シャルドネ主体、ピノ・ネロ、ピノ・ビアンコ
アルコール度数●11.5%
合わせる料理●白身魚のソテー、魚介と野菜のゼリー寄せ
合わせるチーズ●クアルティローロ・ロンバルド(ロンバルディア州、ソフト／牛乳)

資料　イタリアの20州

イタリア Italy

- アルプス The Alps
- ミラノ Milano
- ヴェネツィア Venezia
- フィレンツェ Firenze
- アペニン山脈 Appennines
- アドリア海 Adriatic Sea
- コルシカ島
- ローマ Roma
- ナポリ Napori
- ティレニア海 Tyrrhenian Sea
- イオニア海 Ionian Sea

北部山麓地帯
1. ヴァッレ・ダオスタ Valle d'Aosta
2. ピエモンテ Piemonte
3. ロンバルディア Lombardia
4. トレンティーノ・アルト・アディジェ Trentino-Alto Adige
5. ヴェネト Veneto
6. フリウリ・ヴェネツィア・ジューリア Friuli-Venezia Giulia

平野部
7. エミリア・ロマーニャ Emilia Romagna

ティレニア海沿岸地帯
8. リグーリア Liguria
9. トスカーナ Toscana
10. ウンブリア Umbria
11. ラツィオ Lazio
12. カンパーニア Campania
13. バジリカータ Basilicata
14. カラブリア Calabria

アドリア海沿岸地帯
15. マルケ Marche
16. アブルッツォ Abruzzo
17. モリーゼ Molise
18. プーリア Puglia

諸島部（地中海沿岸地方）
19. シチリア Sicilia
20. サルデーニャ Sardegna

ヴェネト州／ガルガーネガ主体

C ソアーヴェ・クラッシコ

すっきり爽快だが、柔和な触感。
ほのかなハーブ系の
ほろ苦味がアクセント。

試飲ワイン選びのポイント
ヴェネト州のソアーヴェ・クラッシコまたはソアーヴェ。
2,000〜3,000円程度。

ソアーヴェ・クラッシコ ピエロパン
Soave Classico／Pieropan

- **外観**●淡めの麦わら色。粘性は中程度。清澄度良好。
- **香り**●ボリューム中程度。黄リンゴ、ミラベル、柑橘類、カモミールの香り。
- **味わい**●柔和なアタック。新鮮な果実味。柔らかい酸が多めに融合。ハーブ系のほろ苦味が心地よく残る。なめらかでキレがよく、爽快。ライトミディアムボディの辛口。余韻はやや短め。
- **品種**●ガルガーネガ主体
- **アルコール度数**●12%
- **合わせる料理**●アサリの白ワイン蒸し、魚介類とフレッシュハーブと柑橘のマリネ
- **相性のよい地方料理**●バッカラ・アッラ・ヴィチェンティーナ（干しダラのヴィチェンツァ風）、リーシ・エ・ビーシ（グリンピースとベーコン入りリゾット）
- **合わせるチーズ**●モンテ・ヴェロネーゼ（ヴェネト州、半加熱圧搾／牛乳）

▶ Risi e Bisi

カンパーニア州／グレコ

D グレコ・ディ・トゥーフォ

蜜のようななめらかさと華やかさに、
思いのほか多い酸と
ミネラルが融合して艶やか。

試飲ワイン選びのポイント
カンパーニア州のグレコ・ディ・トゥーフォ。
2,500〜3,500円程度。

グレコ・ディ・トゥーフォ フェウディ・ディ・サン・グレゴリオ
Greco di Tufo／Feudi di San Gregorio

- **外観**●中程度の濃さ、照り、輝きのある明るい黄色。粘性は中程度。清澄度良好。
- **香り**●ボリューム中程度。リンゴや洋ナシのコンポート、蜂蜜、ドライミント、ミネラルの香り。
- **味わい**●上品でなめらかなアタック。凝縮した果実味。緻密で艶やかだが、硬質な酸と石灰の粉のようなミネラルが多く存在、スパイシーさとほろ苦味も適度に含む。メリハリがあり、中心部が引き締まる。ミディアムボディの辛口。余韻は中程度〜やや長め。
- **品種**●グレコ
- **アルコール度数**●13%
- **合わせる料理**●魚介類のフリット・レモン添え
- **相性のよい地方料理**●ポルピ・アッラ・ルチャーナ（タコのマリネ、オリーブ、ニンニク風味）
- **合わせるチーズ**●モッツァレッラ・ディ・ブーファラ・カンパーナ（カンパーニア州、フレッシュ／水牛乳）

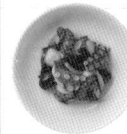

▶ Polpi alla Luciana

Lesson 19

イタリアの赤ワイン

温暖なイタリアでは、燦々と輝く太陽の恵みを受けて熟したブドウから、個性豊かな赤ワインが数多く誕生。各地のテロワールに適合し、土地に根付いたブドウ品種から造られるワインは、その地の郷土料理とともに味わうのが最高です！

A　ピエモンテ州／バルベーラ
バルベーラ・ダスティ

バルベーラ・ダスティ・モンテブルーナ
ブライダ
Barbera d'Asti Montebruna／Braida

- 相性のよい地方料理は？
- 合わせるチーズは？

Memo
外観

香り

味わい

合う料理

B　ヴェネト州／コルヴィーナ・ヴェロネーゼ主体
ヴァルポリチェッラ・クラッシコ

ヴァルポリチェッラ・クラッシコ
サンティ
Valpolicella Classico／Santi

- 相性のよい地方料理は？
- 合わせるチーズは？

Memo
外観

香り

味わい

合う料理

> Check!
>
> ここに気をつけて、テイスティング！
>
> ☐ 各ワインの産地を地図で確認。テロワールの特徴を理解しよう。
> ☐ 外観、香り、味わいから、テロワール、品種、ワインの個性を確認。
> ☐ 各ワインの個性を認識しながら、それぞれのワインに合う郷土料理もチェック。

C トスカーナ州／サンジョヴェーゼ
キャンティ・クラッシコ

キャンティ・クラッシコ・ブローリオ
バローネ・リカーゾリ
Chianti Classico Brolio／Barone Ricasoli

- 相性のよい地方料理は？
- 合わせるチーズは？

Memo

外観

香り

味わい

合う料理

D ピエモンテ州／ネッビオーロ
バローロ

バローロ・ゾンケッラ
チェレット
Barolo Zonchera／Ceretto

- 相性のよい地方料理は？
- 合わせるチーズは？

Memo

外観

香り

味わい

合う料理

イタリアの赤ワイン

学習のポイント

- □ イタリアのワイン法は、EU基準に基づいた原産地統制呼称制度。4カテゴリーの名称、規制事項を確認しましょう。
- □ 試験に頻出のD.O.C.G.銘柄。全銘柄の名称、産出州、ブドウ品種、ワインのタイプを根気よく暗記。
- □ 各州の代表的なD.O.C.銘柄も、チェック。
- □ 地方色豊かなワイン同様、イタリア料理も数多くの郷土料理が存在。代表的なワインとともに相性のよい地方料理を知ると、よりワインが美味しく飲めるはずです。

A ピエモンテ州／バルベーラ
バルベーラ・ダスティ

凝縮した果実味と、きれいな酸の共存がバルベーラの特徴。チェリーやスミレの花の香りが漂い、エレガント。

試飲ワイン選びのポイント
ピエモンテ州のバルベーラ・ダスティまたはバルベーラ・ダルバ。2,500～3,500円程度。

バルベーラ・ダスティ・モンテブルーナ ブライダ
Barbera d'Asti Montebruna／Braida

外観●中程度～やや濃いめ。透明感、輝きのあるルビー色。粘性は高め。清澄度良好。
香り●ボリューム大きめ。ダークチェリー、紫色のプラム、スミレの花、ミネラル、スモーキーな香り。
味わい●しなやかなアタック。凝縮した果実味。生き生きとした酸とミネラルが多く、存在感あり。渋味は中程度で、緻密に溶けなめらか。アルコールは高いが、みずみずしいフルーティさが続く、エレガントなミディアムフルボディ。余韻はやや長め。
品種●バルベーラ
アルコール度数●14.5%
合わせる料理●牛肉の赤ワイン煮、鶏肉のソテー
相性のよい地方料理●アニョロッティ・アッラ・ピエモンテーゼ（肉やチーズを詰めたパスタ、ピエモンテ風）
合わせるチーズ●ムラッザーノ（ピエモンテ州、フレッシュ／羊乳中心）

◀ *Agnolotti alla Piemontese*

B ヴェネト州／コルヴィーナ・ヴェロネーゼ主体
ヴァルポリチェッラ・クラッシコ

軽快な果実味に溶けた、アーモンドや漢方薬のようなほろ苦味が特徴。

試飲ワイン選びのポイント
ヴェネト州のヴァルポリチェッラ・クラッシコまたはヴァルポリチェッラ。1,500～2,500円程度。

ヴァルポリチェッラ・クラッシコ サンティ
Valpolicella Classico／Santi

外観●やや淡め、透明感、輝きのあるルビー色。粘性は中程度。清澄度良好。
香り●ボリューム中程度。ダークチェリー、甘草、丁子、シナモン、黒砂糖、アーモンドの香り。
味わい●軽快なアタック。ジューシーな果実味。酸はやや多め。渋味は少なめだが、スパイシーさやアーモンドの薄皮のようなほろ苦味が融合。ライトミディアムボディ。余韻はやや短め。
品種●コルヴィーナ・ヴェロネーゼ主体
アルコール度数●12.5%
合わせる料理●馬肉のカルパッチョ、ミートローフ
相性のよい地方料理●フェガート・アッラ・ヴェネツィアーナ（仔牛のレバーと玉ねぎのソテー、ヴェネツィア風）、パスティッチャータ・ディ・カヴァッロ（馬肉の煮込み、ヴェローナ風）
合わせるチーズ●モンテ・ヴェロネーゼ（ヴェネト州、半加熱圧搾／牛乳）

◀ *Fegato alla Veneziana*

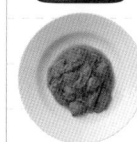

資料　**イタリアワイン原産地制度の構造**

階級	名称
D.O.C.G.	保証付原産地統制名称ワイン Denominazione di Origine Controllata e Garantita
D.O.C.	原産地統制名称ワイン Denominazione di Origine Controllata
I.G.T.	地理的生産地表示テーブルワイン Vino da Tavola Indicazione Geografica Tipica
Vino da Tavola	テーブルワイン Vino da Tavola

C　キャンティ・クラッシコ

トスカーナ州／サンジョヴェーゼ

ブドウの完熟感をダイレクトに感じつつ、繊細な酸とミネラルで上品。口が渇くようなタンニンもサンジョヴェーゼの個性。

試飲ワイン選びのポイント
トスカーナ州のキャンティ・クラッシコ。
2,500〜3,500円程度。

キャンティ・クラッシコ・ブローリオ バローネ・リカーゾリ
Chianti Classico Brolio／Barone Ricasoli

外観●やや濃い赤紫色。粘性は高め。清澄度良好。
香り●ボリュームやや大きめ。ブラックベリー、ダークチェリー、セミドライのイチジク、ドライトマト、スミレの花、アーモンド、土の香り。
味わい●なめらかなアタック。凝縮した果実味。引き締まった細かい酸。渇いた印象の渋味が中程度。ミネラル、鉄分、スパイシーさが融合し、緻密で上品で、適度に素朴さもある。ミディアムフルボディ。余韻は中〜やや長め。
品種●サンジョヴェーゼ
アルコール度数●13.5%
合わせる料理●豚肉のロースト、レバーペースト
相性のよい地方料理●ビステッカ・アッラ・フィオレンティーナ（牛肉の炭焼きTボーンステーキ、フィレンツェ風）
合わせるチーズ●ペコリーノ・トスカーノ（トスカーナ州、半加熱圧搾／羊乳）

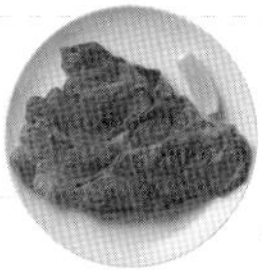

◀ *Bistecca alla Fiorentina*

D　バローロ

ピエモンテ州／ネッビオーロ

法定熟成期間が長いため、外観や香りに熟成のニュアンス。艶やかで上品だが、強固な骨格が内在し堂々たる風格。

試飲ワイン選びのポイント
ピエモンテ州のバローロまたはバルバレスコ。
5,500〜6,500円程度。

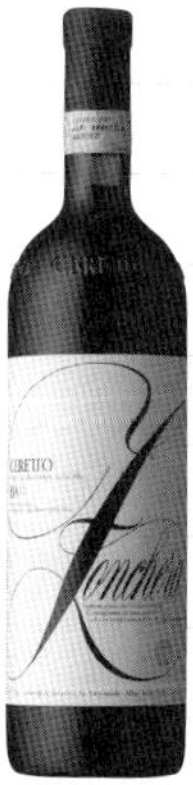

バローロ・ゾンケッラ チェレット
Barolo Zonchera／Ceretto

外観●濃く、透明感、照りのあるガーネットがかった赤色。粘性は高い。清澄度良好。
香り●ボリューム大きめ。プラムリキュール、スミレの花、アニス、鉄、タール、湿った枯葉の香り。
味わい●なめらかなアタック。凝縮感がある果実味。酸と渇いた印象の渋味が多く、中心部に骨格がある。しなやかでエレガントだが、スパイシーさも融合。深み、複雑味のあるフルボディ。余韻は長い。
品種●ネッビオーロ
アルコール度数●14%
相性のよい地方料理●ブラザート・アル・バローロ（牛肉のバローロ煮）、レープレ・イン・シヴェー（野兎の煮込み）、タヤリン・コン・タルトゥーフォ・ビアンコ（タヤリンの白トリュフがけ）
合わせるチーズ●カステルマーニョ（ピエモンテ州、半加熱圧搾／牛乳主体）

◀ *Lepre in Civet(Lepre in Salmi)*

Lesson 20

スペイン

フランス南西のイベリア半島に位置し、ブドウ栽培面積では世界第1位のスペイン。赤、ロゼ、白のスティルだけでなく、スパークリング、シェリーをはじめとする酒精強化など、産地により、さまざまなタイプのワインが産出されています。

A エスプモーソ／マカベオ主体
カバ

カバ・ブリュット
ナダル
Cava Brut／Nadal

Memo
外観

香り

味わい

合う料理

B 大西洋地方の白ワイン／アルバリーニョ
リアス・バイシャス

フィンカ・デ・アランテイ・アルバリーニョ・リアス・バイシャス
ボデガス・ラ・ヴァル
Finca de Arantei Albariño Rias Baixas／Bodegas La Val

Memo
外観

香り

味わい

合う料理

ここに気をつけて、テイスティング！

- □ 瓶内2次発酵で造られるカバ。泡の状態を確認しつつ、シャンパーニュとは異なるテロワール、品種個性を確認。
- □ 人気急上昇のリアス・バイシャスの白ワイン。場所を認識しつつ、ワインの個性をチェック。
- □ 銘醸地リオハの赤ワインは、熟成期間の異なる2つのワインを比較。スタイルの違いを確認。

C　リオハ・クリアンサ
北部地方の赤ワイン／テンプラニーリョ主体

リオハ・クリアンサ
ベロニア
Rioja Crianza／Beronia

Memo
外観

香り

味わい

合う料理

D　リオハ・グラン・レセルバ
北部地方の赤ワイン／テンプラニーリョ主体

リオハ・グラン・レセルバ
ベロニア
Rioja Gran Reserva／Beronia

Memo
外観

香り

味わい

合う料理

スペイン

学習のポイント

- □ 温暖なスペインでは、全土に個性豊かな産地が存在。地図を見ながら、5つの地方と特徴、代表的な産地、ワインのタイプをチェック。
- □ スペイン最大の栽培面積を誇る黒ブドウは、ガルナッチャ・ティンタ。白ブドウはアイレン。最も高貴品種といわれる黒ブドウのテンプラニーリョは、各地で呼び名が変わるので、地域ごとの名称を確認しましょう。
- □ スペインのワイン法は、EU基準に基づいた原産地呼称制度。近年の法改正で、他国より細分化されたカテゴリーの詳細を確認。
- □ スペインでは、独自の熟成規定を採用。クリアンサ、レセルバ、グラン・レセルバの最低熟成年数をチェックしましょう。

A　エスプモーソ／マカベオ主体
カバ

スペイン地場ブドウの素朴さを持ちながら、瓶内二次発酵によるムース状の泡で柔和な印象。

試飲ワイン選びのポイント
カバ・ブリュット。
1,500〜2,500円程度。

カバ・ブリュット　ナダル
Cava Brut／Nadal

外観●淡めのグリーンがかった黄色。規則的に立ち上がる細やかな泡。
香り●ボリューム中程度。青リンゴ、ライム、フレッシュハーブ、ミネラル、ほのかにイーストの香り。
味わい●細かい泡がムース状に柔和に広がる。爽快なアタック。フレッシュな果実味。若々しく柔らかい酸が中程度。ほのかにフレッシュハーブやオレンジピールのようなほろ苦味がある。清涼感が漂う、キレのよいやや辛口のスパークリングワイン。余韻は中程度。
品種●マカベオ主体、パレリャーダ
アルコール度数●11.5%
合わせる料理●イワシとオレンジとセルフィーユのマリネ、生ハム

B　大西洋地方の白ワイン／アルバリーニョ
リアス・バイシャス

温暖地らしい柔和な触感ながら、塩っぽいミネラルとレモンのような酸で爽快。クリーンな造りもこの地の特徴。

試飲ワイン選びのポイント
大西洋地方のリアス・バイシャス。
2,500〜3,500円程度。

フィンカ・デ・アランテイ・アルバリーニョ・リアス・バイシャス　ボデガス・ラ・ヴァル
Finca de Arantei Albariño Rías Baixas／Bodegas La Val

外観●中程度の濃さ、麦わら色がかった黄色。粘性は中程度。清澄度良好。
香り●ボリューム中程度。白桃、グレープフルーツ、フレッシュハーブ、ミネラルの香り。
味わい●柔和なアタック。新鮮な果実味。若々しい酸が多く存在。ミネラルが多く、塩味を感じる。なめらかな舌触りだが、すっきりキレがよく、クリーンで爽快。ライトミディアムボディの辛口白ワイン。余韻はやや短め。
品種●アルバリーニョ
アルコール度数●12.5%
合わせる料理●魚介類のパエリア、魚介類のフリット

資料 スペインのワイン生産地方と著名な産地

スペイン Spain

- 大西洋地方
- 北部地方
- 内陸部地方
- 地中海地方
- 南部地方

フランス
ドゥエロ河
エブロ河
タホ河
マドリッド Madrid
バルセロナ Barcelona
ポルトガル
バレアレス諸島 Baleares
地中海 Mediterranean Sea
カナリア諸島 Canarias
大西洋 Atlantic Ocean

1 リアス・バイシャス　Rías Baixas
2 リオハ　Rioja
3 ペネデス　Penedès
4 リベラ・デル・デュエロ　Ribera del Duero
5 プリオラート　Priorat
6 ラ・マンチャ　La Mancha
7 ヘレス　Jerez

北部地方の赤ワイン／テンプラニーリョ主体

C リオハ・クリアンサ

シナモンや黒コショウ風味が溶けた適度に素朴な味わい。熟成期間が短いクリアンサは、素直でジューシー。

試飲ワイン選びのポイント
スペイン・北部地方のリオハ・クリアンサ。
1,500～2,500円程度。

リオハ・クリアンサ ベロニア
Rioja Crianza／Beronia

外観●やや濃い赤紫色。粘性はやや高め。清澄度良好。
香り●ボリュームやや大きめ。ドライイチジク、ドライプラム、イチゴジャム、コンデンスミルク、丁子、シナモン、鉄の香り。
味わい●なめらかなアタック。適度に凝縮した果実味。柔らかい酸、渇いた印象の渋味が中程度。鉄分、スパイシーさが融合してまろやかでジューシー、適度な素朴さがある。後味にはシナモンや黒コショウ風味が残る。ミディアムフルボディの赤ワイン。余韻は中程度。
品種●テンプラニーリョ主体、ガルナッチャ、マスエロ
アルコール度数●13.5％
合わせる料理●たれの焼き鳥、アナゴの赤ワイン煮

北部地方の赤ワイン／テンプラニーリョ主体

D リオハ・グラン・レセルバ

法定熟成期間が長いため、全体がこなれてしっとりなめらか。ドライプラムのような、旨みとスパイシーさが凝縮したボディ。

試飲ワイン選びのポイント
スペイン・北部地方のリオハ・グラン・レセルバ。
5,500～6,500円程度。

リオハ・グラン・レセルバ ベロニア
Rioja Gran Reserva／Beronia

外観●濃いガーネットがかった赤色。粘性は高い。清澄度良好。
香り●ボリューム大きめ。ドライイチジク、ドライプラム、バラのドライフラワー、カラメル、丁子、シナモン、鉄、なめし皮、湿った土、枯葉の香り。
味わい●なめらかなアタック。ドライプラムのような凝縮感と熟成感ある果実味。こなれた酸と、渇いた印象の細かい渋味が多いが、融合し、角がなく、しっとりした触感。鉄分、漢方薬のようなスパイシーさもあり、後味にほのかに苦味が残り口内が渇く印象。深みのあるフルボディの赤ワイン。余韻は長め。
品種●テンプラニーリョ主体
アルコール度数●14％
合わせる料理●猪肉の赤ワイン煮、仔羊のハーブソテー

Lesson 21

オーストリア

ドイツの南東に位置するオーストリア。栽培エリアは、ブルゴーニュとほぼ同じ北緯47〜48度の比較的温暖な東部に集中。厚みのある辛口白ワインを中心に、高品質ワインを産出します。オーストリア独自のブドウ品種も、人気急上昇中。

A ニーダーエスタライヒ州ヴァッハウ
リースリング

リースリング・フェーダーシュピール
ヴァイングート・ポルツ
Riesling Federspiel／Weingut Polz

B ニーダーエスタライヒ州ヴァッハウ
グリューナー・フェルトリーナー

グリューナー・フェルトリーナー・スマラクト
ヴァイングート・ポルツ
Grüner Veltliner Smaragt／Weingut Polz

Memo
- 外観
- 香り
- 味わい
- 合う料理

Memo
- 外観
- 香り
- 味わい
- 合う料理

Check!

ここに気をつけて、テイスティング！

☐ 代表的な高品質白ブドウ2種類を比較。特に、オーストリア固有のグリューナー・フェルトリーナーの個性を探求。

☐ オーストリア固有の黒ブドウ2種類を比較。産地とともに、品種個性を確認しよう。

C ブラウフレンキッシュ
ニーダーエスタライヒ州カルヌントゥム

ブラウフレンキッシュ
ヴァイングート・グラッツァー
Blaufrankisch／Weingut Glatzer

Memo
外観

香り

味わい

合う料理

D ツヴァイゲルト
ニーダーエスタライヒ州カンプタール

ツヴァイゲルト
ユルチッチ・ソンホフ
Zweigelt／Jurtschitsch Sonnhof

Memo
外観

香り

味わい

合う料理

オーストリア

学習のポイント

- □ オーストリアの産地は、大半が東部に集中。最大の生産量を誇るのはニーダーエスタライヒ州、次いでブルゲンラント州。各州の代表的な産地を確認しましょう。
- □ ニーダーエスタライヒ州のヴァッハウでは、独自の3段階の格付け（シュタインフェーダー、フェーダーシュピール、スマラクト）あり。最高峰は『スマラクト』。
- □ 栽培されるブドウは70%が白ワイン用。品種はリースリングなど隣国ドイツとの共通する品種のほか、グリューナー・フェルトリーナーなどオーストリア固有品種も栽培。代表的な品種を確認。
- □ オーストリアのワイン法は、EU基準に基づく原産地呼称制度（DAC法）と、ドイツと類似した果汁の糖度による品質等級を併用。詳細の内容を理解しましょう。

A　ニーダーエスタライヒ州ヴァッハウ　リースリング

オーストリアのリースリングは、北に位置するドイツ産と比べると、上品ながらドライでスパイシーな印象。

試飲ワイン選びのポイント
ニーダーエスタライヒ州、ヴァッハウのリースリング・トロッケン。
2,500〜3,500円程度。

リースリング・フェーダーシュピール ヴァイングート・ポルツ
Riesling Federspiel／Weingut Polz

外観●淡め、かすかにグリーンがかった黄色。粘性中程度。
香り●ボリューム中程度。青リンゴ、洋ナシ、白い花、ミネラル、煙の香り。
味わい●繊細で上品なアタック。フレッシュな果実味に、若々しいはつらつとした酸とミネラルが多く存在。フルーティでなめらかな触感、かすかに白コショウ的なスパイシーさもあり、きりっと引き締まる。ライトボディの辛口白ワイン。余韻は中程度。
品種●リースリング
アルコール度数●12%
合わせる料理●白身魚のカルパッチョ・ピンクペッパー添え。

B　ニーダーエスタライヒ州ヴァッハウ　グリューナー・フェルトリーナー

厚みのあるボディに溶けた、白コショウ、ドライハーブ、レモンピール風味が特徴。

試飲ワイン選びのポイント
ニーダーエスタライヒ州、ヴァッハウのグリュナー・フェルトリーナー・トロッケン。
3,000〜4,000円程度。

グリューナー・フェルトリーナー・スマラクト ヴァイングート・ポルツ
Gruner Veltliner Smaragt／Weingut Polz

外観●やや濃い、照り、輝きのある黄色。粘性高め。清澄度良好。
香り●ボリューム中程度。黄リンゴ、グレープフルーツ、洋ナシ、白コショウ、ドライタイム、ミネラル、スモーキーな香り。
味わい●しなやかなアタック。凝縮感のある果実味。引き締まった硬い酸が中程度〜やや多め。ミネラルが多く、白コショウ、ドライハーブ風味とともに融合し、とろりとなめらか。アルコールも高めでどっしりと腰の据わった印象、後味にはレモンピールのようなビターさが効く。ミディアムフルボディの辛口。余韻はやや長め。
品種●グリューナー・フェルトリーナー
アルコール度数●14%
合わせる料理●白レバーのパテ、茹で豚

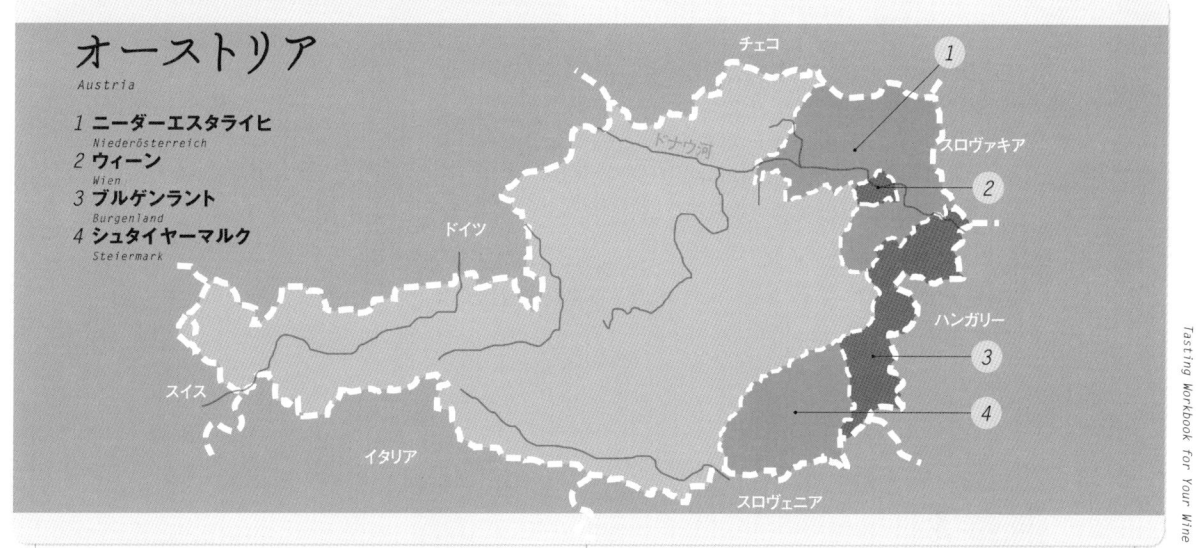

資料　オーストリアのワイン生産州

オーストリア
Austria

1. ニーダーエスタライヒ
   Niederösterreich
2. ウィーン
   Wien
3. ブルゲンラント
   Burgenland
4. シュタイヤーマルク
   Steiermark

C　ブラウフレンキッシュ
ニーダーエスタライヒ州カルヌントゥム

スモモのようなはつらつとした酸が印象的。
一見チャーミングだが、スパイシーさも含み、
野性味が見え隠れする。

試飲ワイン選びのポイント
ブラウフレンキッシュ・トロッケン。
1,500～2,500円程度。

ブラウフレンキッシュ ヴァイングート・グラッツァー
Blaufrankisch/Weingut Glatzer

外観●やや淡め～中程度の濃さ。透明感のある青紫色。粘性中程度。清澄度良好。
香り●ボリュームやや控えめ～中程度。アセロラ、赤色プラム、スミレの花、鉄分、ローズマリーの香り。
味わい●みずみずしいアタック。フレッシュな果実味。スモモをかじったようなはつらつとした酸がとても多い。渋味は中程度。ジューシーだが、後半スパイシーさ、ドライハーブ風味が込み上げる。すっきりとしたミディアムボディの赤ワイン。余韻は中程度。
品種●ブラウフレンキッシュ
アルコール度数●13%
合わせる料理●北京ダック、蒸し鶏

D　ツヴァイゲルト
ニーダーエスタライヒ州カンプタール

果実味、酸、
スパイシーさがともに高く、
完熟プラム的なメリハリある風味。

試飲ワイン選びのポイント
ツヴァイゲルト・トロッケン。
2,500～3,500円程度。

ツヴァイゲルト ユルチッチ・ソンホフ
Zweigelt/Jurtschitsch Sonnhof

外観●中程度の濃さ。透明感、輝きのあるルビー色。粘性中程度。清澄度良好。
香り●ボリュームは中程度。完熟ブルーベリー、ダークチェリー、ローストアーモンド、スミレの花、黒コショウ、ドライタイム、ドライミントの香り。
味わい●なめらかなアタック。凝縮感のある果実味に、細かい酸が多く溶け込む。中程度の細かいタンニン、鉄分、ドライハーブ、白コショウ風味も融合し、しなやかさが引き締まる。適度に野性味がありつつ、フルーティでエレガント。余韻は中程度　やや長め。ミディアムボディの赤ワイン。
品種●ツヴァイゲルト
アルコール度数●13%
合わせる料理●牛肉と青野菜のソテー、焼き鳥

Lesson 22

アメリカ

ニューワールドの牽引役アメリカでは、カリフォルニア州を中心に、ヨーロッパの伝統産地と肩を並べる銘醸地が数多く存在します。ブドウ品種の主流は、フランス原産のヴィティス・ヴィニフェラ系品種。テロワールの違いによる個性を体感しましょう。

A ワシントン州 セミヨン

セミヨン
レコール No.41
Semillon／L'Ecole No.41

Memo
外観

香り

味わい

合う料理

B カリフォルニア州 シャルドネ

ヴィントナーズ・リザーヴ・シャルドネ
ケンダル・ジャクソン
Vintner's Reserve Chardonnay／Kendall-Jackson

Memo
外観

香り

味わい

合う料理

ここに気をつけて、テイスティング！

- ☐ 温暖地のワインに共通する果実のボリューム感を認識。
- ☐ 白ワインはともにフランス品種。各ワインの個性をとらえつつ、フランス産との違いも確認。
- ☐ ジンファンデルは独自の個性を、カベルネ・ソーヴィニヨンはフランス・ボルドー産との違いを確認。

C カリフォルニア州 ジンファンデル

プライベート・セレクション・ジンファンデル
ロバート・モンダヴィ
Private Selection Zinfandel／Robert Mondavi

Memo
外観

香り

味わい

合う料理

D カリフォルニア州 カベルネ・ソーヴィニヨン

ヴィントナーズ・リザーヴ・カベルネ・ソーヴィニヨン
ケンダル・ジャクソン
Vintner's Reserve Cabernet Sauvignon／Kendall-Jackson

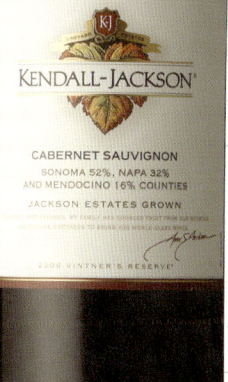

Memo
外観

香り

味わい

合う料理

Tasting Workbook for Your Wine Skill　Preparation for the Certified Exam

95

アメリカ

学習のポイント

- □ アメリカをはじめニューワールドのワイン法は、ラベル表示事項に関する規制。EU圏の原産地統制呼称制度とは異なり、栽培方法、品種、醸造方法などの規制はなく、生産者が自由な発想でワイン造りを行います。
- □ A.V.A.とは、American Viticultural Areas（アメリカン・ヴィティカルチュラル・エイリアズ）の略称で、政府認定優良ブドウ栽培地域のこと。EU圏の原産地統制呼称とは異なり、品種などの規制はありません。
- □ アメリカのワイン生産量は世界第4位。その90％はカリフォルニア州産。まずは、カリフォルニア州の5つの地区の場所と特徴を把握。さらに、代表的なA.V.A.もチェック。
- □ その他の産地、ワシントン州、ニューヨーク州、オレゴン州のテロワールの特徴、代表的なA.V.A.をチェック。

A　ワシントン州　セミヨン

ラノリン脂の香りと厚みのあるまろやかなボディは、フランスの貴腐ソーテルヌとの共通点。

試飲ワイン選びのポイント
カリフォルニア州、ワシントン州などのセミヨン主体の辛口白ワイン。2,500〜3,500円程度。

セミヨン レコール No.41
Semillon／L'Ecole No.41

- **外観** ● やや濃い、輝き、照りのある明るい黄色。粘性高い。清澄度良好。
- **香り** ● ボリューム大きめ。パイナップルやアンズのコンポート、蜂蜜、ラノリン脂、ローストナッツの香り。
- **味わい** ● パワフルなアタック。凝縮した果実味。太い酸がやや控えめに存在、パイナップルのように後から酸が湧きだしてくる印象。緻密で重厚なボディに適度な香ばしさも融合。アルコールのボリューム感が強くスパイシー。蜜のようなとろみと艶やかさのあるフルボディの辛口白ワイン。余韻はやや長め。
- **品種** ● セミヨン主体、ソーヴィニヨン・ブラン
- **アルコール度数** ● 14.3％
- **合わせる料理** ● 鶏肉のロースト、酢豚

B　カリフォルニア州　シャルドネ

品種個性が少ないシャルドネ。温暖地ならではの果実のボリューム感と酸の質、樽熟成由来の香りや厚みに注目。

試飲ワイン選びのポイント
カリフォルニア州、ワシントン州などのシャルドネで、樽熟成しているもの。2,000〜3,000円程度。

ヴィントナーズ・リザーヴ・シャルドネ ケンダル・ジャクソン
Vintner's Reserve Chardonnay／Kendall-Jackson

- **外観** ● 中程度の濃さ、輝きのある若干緑がかった黄色。粘性高め。清澄度良好。
- **香り** ● ボリュームやや大きめ。洋ナシのコンポート、パイナップル、シトラス、花、ローストナッツの香り。
- **味わい** ● なめらかなアタック。凝縮感ある果実味。やや太いが若々しい酸が中程度にバランスよく存在。適度な香ばしさも融合。全体がまろやかで膨らみのあるフルボディの辛口白ワイン。余韻はやや長め。
- **品種** ● シャルドネ
- **アルコール度数** ● 13.5％
- **合わせる料理** ● 鶏肉のクリーム煮、鮭のムニエル

資料　カリフォルニア州のワイン生産地域

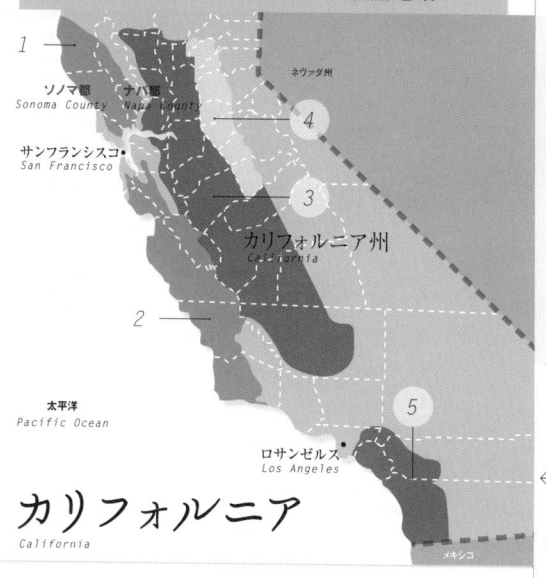

1 ノース・コースト　North Coast
2 セントラル・コースト　Central Coast
3 セントラル・ヴァレー　Central Valley
4 シエラ・フットヒルズ　Sierra Foothills
5 サウス・コースト　South Coast

ソノマ郡　Sonoma County
ナパ郡　Napa County
サンフランシスコ　San Francisco
ネヴァダ州
カリフォルニア州　California
太平洋　Pacific Ocean
ロサンゼルス　Los Angeles
カリフォルニア　California
メキシコ

アメリカ合衆国　United States of America
カリフォルニア州
カナダ
太平洋
メキシコ

C　カリフォルニア州　ジンファンデル

イチゴジャムと黒コショウ風味が
ジンファンデルの特徴。
カベルネ・ソーヴィニヨンよりジューシーで、渋味が控えめ。

試飲ワイン選びのポイント
カリフォルニア州などのジンファンデル。
2,000〜3,000円程度。

プライベート・セレクション・ジンファンデル　ロバート・モンダヴィ
Private Selection Zinfandel／Robert Mondavi

外観●中程度の濃さ、輝きのあるルビー色。粘性高め。清澄度良好。
香り●ボリュームやや大きめ。イチゴジャム、完熟紫プラム、黒コショウ、土、ほのかにドライハーブの香り。
味わい●なめらかなアタック。凝縮した果実味。若々しい酸、渋味が中程度に存在。温暖地らしい濃縮感あるジューシーなボディに、黒コショウのようなスパイシーさが多く溶け適度にワイルド。ミディアムフルボディの赤ワイン。余韻は中程度。
品種●ジンファンデル主体
アルコール度数●13.5%
合わせる料理●ハンバーガー、照り焼きチキン

D　カリフォルニア州　カベルネ・ソーヴィニヨン

完熟黒系果実の香りと樽風味が主体。
温暖なテロワールの影響で果実味、渋味が多く重厚。
ボルドーで出がちな青野菜風味は少ない。

試飲ワイン選びのポイント
アメリカのカベルネ・ソーヴィニヨン。
2,000〜3,000円程度。

ヴィントナーズ・リザーヴ・カベルネ・ソーヴィニヨン　ケンダル・ジャクソン
Vintner's Reserve Cabernet Sauvignon／Kendall-Jackson

外観●濃い赤紫色。粘性高め。清澄度良好。
香り●ボリューム大きめ。ダークチェリーコンポート、クレーム・ド・カシス、バニラ、カカオの香り。
味わい●パワフルなアタック。凝縮感ある果実味、柔らかい酸は中程度に存在し、バランス良好。渋味は多いが、角が丸く細やかに果実味に溶け込んでいる。ボリューム感のあるフルボディの赤ワイン。余韻はやや長め。
品種●カベルネ・ソーヴィニヨン主体、メルロ、カベルネ・フラン
アルコール度数●13.5%
合わせる料理●豚肩ロースのロースト、牛肉のステーキ

Lesson 23 オーストラリア

オーストラリアのワイン産地は、南緯31度以南の海岸沿いを中心に広がっています。
ブドウ品種は、フランス品種を中心としたヴィティス・ヴィニフェラ種。
今回は、温暖なオーストラリア産と、同品種のフランス産を比較してみましょう。

A フランス・アルザス地方
アルザス・リースリング

アルザス・リースリング
ヒューゲル・エ・フィス
Alsace Riesling／Hugel et Fils

Memo
外観

香り

味わい

合う料理

B オーストラリア
リースリング

イエローラベル・リースリング
ウルフ・ブラス
Yellow Label Riesling／Wolf Blass

Memo
外観

香り

味わい

合う料理

ここに気をつけて、テイスティング！

- ☐ フランス産を基準にして、オーストラリア産を比較。
- ☐ 香り、ボリューム感、味わいの違いを確認。
- ☐ オーストラリアの象徴品種、シラーズの個性を認識しましょう。

C オーストラリア
シラーズ

イエローラベル・シラーズ
ウルフ・ブラス
Yellow Label Shiraz／Wolf Blass

Memo
外観

香り

味わい

合う料理

D フランス・コート・デュ・ローヌ地方北部（シラー）
サン・ジョセフ

サン・ジョセフ・デシャン
M.シャプティエ
Saint-Joseph Deschants／M.Chapoutier

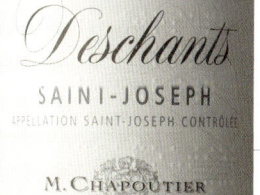

Memo
外観

香り

味わい

合う料理

99

オーストラリア

学習のポイント

- [ ] ワイン生産量が最も多いのは、南オーストラリア州。次いで、ニュー・サウス・ウエールズ州、ヴィクトリア州、西オーストラリア州、タスマニア州が続きます。各州の位置と、州別生産量の全体比、特徴を確認。
- [ ] オーストラリアの地理的呼称は、G.I.(Geographical Indications)。アメリカのA.V.A.同様、栽培、品種、醸造法などに関する規制はありません。各州の代表的なG.I.名と、その産地の特徴をチェック。
- [ ] ワイン法におけるラベル表記規制事項は、産地名、品種名、ヴィンテージ、いずれも該当含有比率が85％以上の場合表示可能。
- [ ] オーストラリアを代表する象徴品種はシラーズで、最大の栽培面積を誇ります。

A フランス・アルザス地方
アルザス・リースリング

アルザスのリースリングは、
硬く鋭角な酸とミネラルが多く
細身に引き締まり、鉱物の香りも強い。

試飲ワイン選びのポイント
フランス・アルザス地方のACアルザス・リースリング。
2,000～3,000円程度。

アルザス・リースリング ヒューゲル・エ・フィス
Alsace Riesling／Hugel et Fils

外観●やや淡めの黄色。粘性は中程度。清澄度良好。
香り●ボリュームは中程度。リンゴ蜜、レモン、白い花、鉱物の香り。
味わい●なめらかで上品なアタック。フレッシュな果実味に、硬く引き締まった酸が大量に溶け込む。口内が冷たくなるような強いミネラル感。全体がしなやかに融合し、エレガントなライトミディアムボディの辛口ワイン。余韻は中程度。
品種●リースリング
アルコール度数●12%
合わせる料理●白身魚のカルパッチョ、白身魚の塩焼き
相性のよい地方料理●キッシュ・ロレーヌ（キッシュのロレーヌ風）

B オーストラリア
リースリング

酸はしっかりと存在して、爽快。
果実の凝縮感が強い分、
触感が柔らかでまろやか。

試飲ワイン選びのポイント
オーストラリアの辛口リースリング。
2,000～3,000円程度。

イエローラベル・リースリング ウルフ・ブラス
Yellow Label Riesling／Wolf Blass

外観●中程度の濃さ、かすかにグリーンがかった黄色。粘性は中程度。清澄度良好。
香り●ボリュームやや大きめ。ライム、リンゴのコンポート、白い花、ミネラルの香り。
味わい●なめらかではつらつとしたアタック。凝縮した果実味に、いきいきとした酸が多く存在。果実味が強い分、酸を包み込み、グレープフルーツコンポートのようなとろりとした柔和な印象。後味はキレがよいライトミディアムボディの辛口ワイン。余韻は中程度。
品種●リースリング
アルコール度数●12%
合わせる料理●魚介類の白ワイン煮、グレープフルーツとホタテ貝柱のマリネ

資料　オーストラリアワインの生産州と特徴

南オーストラリア州
- オーストラリア最大生産量（国内生産量の約43％）
- 代表的な産地：バロッサ・ヴァレー、クナワラ、クレア・ヴァレー

ニュー・サウス・ウエールズ州
- 国内生産量の約27％を産出
- オーストラリアワイン発祥の地
- 代表的な産地：ハンター・ヴァレー

ヴィクトリア州
- 国内生産量の約23％を産出
- 代表的な産地：ヤラ・ヴァレー、ジロング

西オーストラリア州
- 国内生産量の約5％を産出
- 最高品質で品質安定度の高いワイン産地として高評価
- 代表的な産地：マーガレット・リヴァー

タスマニア州
- 冷涼な気候のため、ピノ・ノワール、シャルドネ、リースリングが主流

C　オーストラリア　シラーズ

煮詰めたプルーンのような濃縮感。
ローヌのシラーほど、鉄や動物的なニュアンスは目立たないが、スパイシーでパワフル。

試飲ワイン選びのポイント
オーストラリアのシラーズ。
2,000～3,000円程度。

イエローラベル・シラーズ　ウルフ・ブラス
Yellow Label Shiraz/Wolf Blass

- **外観**●やや濃い赤紫色。粘性は高め。清澄度良好。
- **香り**●ボリューム大きめ。ブラックベリーやダークチェリー・ジャム、プルーンエキス、チョコレート、黒コショウ、丁子の香り。
- **味わい**●パワフルなアタック。凝縮した果実味。太めの酸が中程度に存在。渋味も中程度だが、強いスパイシーさとともに融合し触感はなめらか。煮詰めたプルーンのような濃縮感。フルボディの赤ワイン。余韻は中程度。
- **品種**●シラー
- **アルコール度数**●13％
- **合わせる料理**●豚塊肉の炭火焼、バーベキュー

D　フランス・コート・デュ・ローヌ地方北部（シラー）　サン・ジョセフ

スミレの花、黒コショウ、鉄の香り。
スパイシーでワイルドな味わい。
ローヌのシラーは、意外に酸も多くエレガント。

試飲ワイン選びのポイント
フランス・コート・デュ・ローヌ地方北部の赤ワイン。
ACサン・ジョセフ、ACクローズ・エルミタージュなど。
3,000～4,000円程度。

サン・ジョセフ・デシャン　M.シャプティエ
Saint-Joseph Deschants/M.Chapoutier

- **外観**●やや濃い赤紫色。粘性はやや高め。清澄度良好。
- **香り**●ボリューム中程度～やや大きめ。ダークチェリー、紫色のプラム、スミレの花、黒オリーブ、鉄、黒コショウの香り。
- **味わい**●しなやかなアタック。凝縮した果実味。酸はやや多めで、存在感あり。細やかな渋味が多く収斂性がある。緻密でなめらかながら、スパイシーで、野性的。フルボディの赤ワイン。余韻はやや長め。
- **品種**●シラー
- **アルコール度数**●13％
- **合わせる料理**●鹿肉のロースト、レバーのソテー
- **合わせるチーズ**●ブリ・ド・ムラン（イル・ド・フランス地方、白カビ／牛乳）、リヴァロ（ノルマンディー地方、ウォッシュ／牛乳）

Lesson 24

その他新世界と象徴品種

カリフォルニアワインの急成長を追いかけるように、ニューワールドの他産地でも国際市場に向けた高品質ワインが急増。現在では、差別化を図ろうと、各国各産地ではテロワールに適合したさまざまな品種にチャレンジにしています。

A 日本・山梨県　甲州

勝沼甲州
シャトー・メルシャン
Katsunuma Koshu／Château Mercian

Memo
外観

香り

味わい

合う料理

B ニュージーランド　ソーヴィニヨン・ブラン

ソーヴィニヨン・ブラン
ドッグ・ポイント・ヴィンヤード
Sauvignon Blanc／Dog Point Vineyard

Memo
外観

香り

味わい

合う料理

Check! ここに気をつけて、テイスティング！

- ☐ 各国の象徴品種と、品種個性を確認。
- ☐ ソーヴィニヨン・ブランは、フランス・ロワール産、他のニューワールドとの違いを認識。
- ☐ テイスティングをしながら、各国の主要産地を地図で確認しよう。

C　アルゼンチン　マルベック

クマ・オーガニック・マルベック
ミッシェル・トリノ・エステート
Cuma Organic Malbec／Michel Torino Estate

Memo
外観

香り

味わい

合う料理

D　チリ　カルムネール

カッシェロ・デル・ディアブロ・カルムネール
コンチャ・イ・トロ
Casillero del Diablo Carmenère／Concha y Toro

Memo
外観

香り

味わい

合う料理

103

その他新世界と象徴品種

学習のポイント

- □ ニューワールド各国の象徴品種、その品種個性は？
- □ ニュージーランド、チリ、アルゼンチン、南アフリカ、カナダのワイン法と品質表示規制を整理。
- □ 上記各国の栽培認定地域の名称、代表的な産地をチェック。
- □ 近年急成長の日本産ワインに関して、代表産地とその特徴を確認。

A 日本・山梨県
甲州

全般的に控えめで抑揚が少ないが、舌触りがなめらかでどこか日本酒的。後味にかすかに残るほろ苦味が特徴。

試飲ワイン選びのポイント
日本・山梨県の甲州の辛口。
1,500〜2,500円程度。

勝沼甲州 シャトー・メルシャン
Katsunuma Koshu / Château Mercian

外観●淡いペールグリーンがかった黄色。粘性はやや低め。清澄度良好。
香り●ボリューム少なめ。ライム、青リンゴ、メロン、ほのかに吟醸酒のような香り。比較的シンプルだが、クリーンな香り。
味わい●柔和なアタック。フレッシュな果実味。柔らかい酸が少なめに存在。舌触りはなめらかだが、全般的に控えめで軽やか、後味にほろ苦味がある。すっきりとキレのよい辛口白ワイン。余韻はやや短め。
品種●甲州
アルコール度数●11.5%
合わせる料理●野菜の天ぷら、白身魚の刺身

B ニュージーランド
ソーヴィニヨン・ブラン

ソーヴィニヨン・ブランの典型産地となったニュージーランド。パッションフルーツ風味と後味のほろ苦さが特徴。

試飲ワイン選びのポイント
ニュージーランド・マールボロ地区のソーヴィニヨン・ブラン。
2,500〜3,500円程度。

ソーヴィニヨン・ブラン ドッグ・ポイント・ヴィンヤード
Sauvignon Blanc / Dog Point Vineyard

外観●淡いペールグリーンがかった黄色。粘性は中程度。清澄度良好。
香り●ボリューム中程度。グースベリー、パッションフルーツ、青リンゴ、ライムの香り。
味わい●柔和なアタック。フレッシュ感と凝縮感が共存する果実味。若々しく伸びやかな酸が多く存在。なめらかな舌触りで完熟ブドウが伝わるが、いきいきとした酸の存在感が終始強く、後味にはグレープフルーツの薄皮のようなほろ苦味がある。エレガントで清涼感あるミディアムボディの辛口白ワイン。余韻は中程度からやや長め。
品種●ソーヴィニヨン・ブラン
アルコール度数●13%
合わせる料理●鱒のグリル、野菜のグリル

資料　新世界のワイン法

	品種表示	産地表示	収穫年表示	栽培地域認定
アメリカ	75％以上	州・郡75％、A.V.A.85％、畑95％以上　※個別の規制を設けている州もある。	A.V.A.表示の場合95％、A.V.A.以外の原産地表示の場合85％	A.V.A.　American Viticultural Areas
カナダ	85％以上	州名100％／D.V.A.表示 オンタリオ州85％、ブリティッシュ・コロンビア州95％以上／畑名100％	オンタリオ州85％、ブリティッシュ・コロンビア州95％以上	D.V.A.　Designated Viticultural Areas
オーストラリア	85％以上	85％以上	85％以上	G.I.　Geogrphical Indications
ニュージーランド	85％以上	85％以上	85％以上	G.I.　Geographical Indications
チリ	75％以上	75％以上	75％以上	D.O.　Denominación de Origen
アルゼンチン				D.O.　Denominación de Origen
南アフリカ	85％以上	W.O.の産地の場合100％	85％以上	W.O.　Wine of Origin
日本（国産ブドウ100％ワインの場合）	75％以上	75％以上	75％以上	

C　マルベック
アルゼンチン

ドライプラムのような濃縮感とスパイシーさが特徴。濃厚だが、酸の存在で、後味はすっきり。

試飲ワイン選びのポイント
アルゼンチンのマルベック。
1,500〜2,500円程度。

クマ・オーガニック・マルベック　ミッシェル・トリノ・エステート
Cuma Organic Malbec／Michel Torino Estate

外観●濃い赤紫色。粘性は高め。清澄度良好。
香り●ボリュームやや大きめ。ドライラズベリー、ドライプラム、イチゴジャム、赤い花、チョコレート、スパイス、ドライハーブの香り。
味わい●なめらかなアタック。凝縮した果実味。柔らかい酸がしっかりと存在。渇いた印象の渋味がやや多めに存在。緻密でとろみがある触感。ドライプラムのような鉄分を含んだ濃縮感だが、終始、酸とスパイシーさが効き、後味はすっきり。フルボディの赤ワイン。余韻は中程度。
品種●マルベック
アルコール度数●13.5％
合わせる料理●牛肉とキノコのオイスターソース炒め、鶏レバーの醤油煮

D　カルムネール
チリ

濃縮果実味と樽風味が融合し、まろやかでベルベットのような触感。メルロに似ているが、スパイシーさと野性味が強い。

試飲ワイン選びのポイント
チリのカルムネール。
1,500〜2,500円程度。

カッシェロ・デル・ディアブロ・カルムネール　コンチャ・イ・トロ
Casillero del Diablo Carmenère／Concha y Toro

外観●濃い赤紫色。粘性は高い。清澄度良好。
香り●ボリューム大きめ。ダークチェリーコンポート、プルーンエキス、ローストナッツ、チョコレート、漢方薬、甘草、シナモン、丁子の香り。
味わい●パワフルなアタック。凝縮した果実味。柔らかい酸が中程度。渇いた印象の渋味が多めに存在。エスプレッソのような甘香ばしい樽風味と、スパイシーさが融合し、緻密でベルベットのような触感。温暖地ならではの濃縮感とスパイシーさ。まろやかな膨らみのあるフルボディの赤ワイン。余韻は中程度。
品種●カルムネール
アルコール度数●13.5％
合わせる料理●牛頬肉の赤ワイン煮込み、仔羊の煮込み

Lesson 25

ワイン以外の酒類

酒類は製造方法により、醸造酒、蒸留酒、混成酒に分類できます。
今回は、ワイン以外の酒類のテイスティングを通して、酒類全般に関して把握しましょう。

A ブランデー
カルヴァドス

ブラー・グラン・ソラージュ
カルヴァドス・ブラー
Boulard Grand Solage／Calvados Boulard

Memo

外観

香り

味わい

B スピリッツ
ジン

ロンドン・ドライ・ジン
チャールズ・タンカレー
London Dry Gin／Charles Tanqueray

Memo

外観

香り

味わい

ここに気をつけて、テイスティング！

- □ 琥珀色の蒸留酒にはどのようなものがあるかを確認。その中でのカルヴァドスの特徴は？
- □ 無色透明の蒸留酒にはどのようなものがあるかを確認。その中でのジン、焼酎の個性とは？
- □ クレーム・ド・カシスの個性をテイスティングで感じながら、産地、原料、特徴を確認。

C 焼酎
芋焼酎

一刻者
宝酒造
Ikkomon / Takara Shuzo

Memo

外観

香り

味わい

D リキュール
クレーム・ド・カシス

クレーム・ド・カシス・ド・ディジョン
ルジェ・ラグート
Crème de Cassis de Dijon / Lejay Lagoute

Memo

外観

香り

味わい

ワイン以外の酒類

学習のポイント

- □ 酒類は、アルコール発酵により造られた『醸造酒』、醸造酒を蒸留した『蒸留酒』、醸造酒や蒸留酒に果実、植物、甘味などを加えて造った『混成酒』に分類することができます。
- □ 3つの分類に含まれる酒類それぞれの特徴を整理。
- □ コニャック、アルマニャック、カルヴァドスなど、代表的なフランスのオー・ド・ヴィーの産地、特徴を確認しましょう。

A ブランデー カルヴァドス

産地はフランス北部カルヴァドス。3つのA.O.C.がある。原料として認められているのは、48種のリンゴおよび、数種類のナシ。販売時のアルコール度数は40%以上。

ブラー・グラン・ソラージュ カルヴァドス・ブラー
Boulard Grand Solage/Calvados Boulard

外観●琥珀色。ブドウが原料のコニャックやアルマニャックに比べると色は淡め。
香り●樽香とともに、リンゴの爽やかなニュアンスがある（コニャック、アルマニャックは、熟成樽由来の甘香ばしいカラメルのような香りが強い）。
味わい●まろやかで上品だが、コニャック、アルマニャックと比べると、爽やかで軽快。
アルコール度数●40%

B スピリッツ ジン

穀類を原料として造られたスピリッツに、ジュニパーベリー、コリアンダー・シードなどのボタニカル（草根木皮）を浸して、再度蒸留したもの。ドライ・ジン（ロンドン・ジン）は、連続蒸留したグレーンスピリッツにボタニカルを加えて蒸留したもの。カクテル・ベースとして多く使われる。タンカレーは4回の蒸留を経て製造。

ロンドン・ドライ・ジン チャールズ・タンカレー
London Dry Gin/Charles Tanqueray

外観●無色透明。
香り、味わい●穀類の特徴はあまり感じず、ジュニパーベリーやコリアンダーなどボタニカルの特徴が強く、すっきりと爽快。
アルコール度数●47.3%

資料　酒類の分類

酒類			例
	醸造酒	果実原料	ワイン、シードル
		穀物原料	ビール、日本酒、老酒
	蒸留酒	果実原料	ブランデー
		果実以外	ウイスキー、ウォッカ、ジン、ラム、焼酎
	混成酒	醸造酒原料	ヴェルモット
		蒸留酒原料	リキュール類

資料　コニャック、アルマニャック、カルヴァドスの生産地域

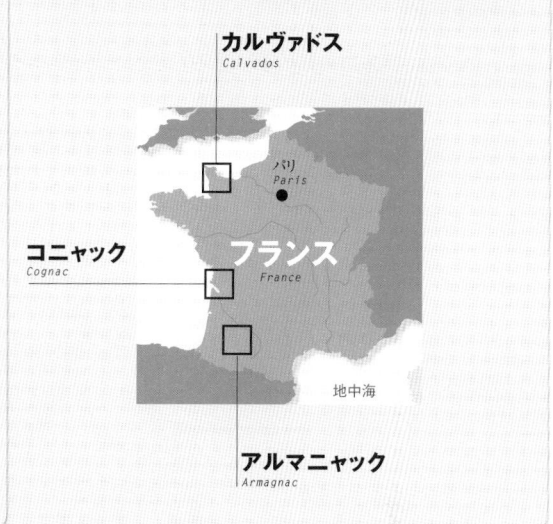

カルヴァドス　Calvados
コニャック　Cognac
アルマニャック　Armagnac
フランス　France
パリ　Paris
地中海

C 焼酎　芋焼酎

単式蒸留焼酎は、原料により特徴が異なる。アルコール度数の規定は45%以下。一般的には25〜35%くらいが多い。基本的には無色透明だが、プレミアムタイプでは、樽熟成による琥珀色のものもある。

一刻者／宝酒造
Ikkomon／Takara Shuzo

外観●無色透明。
香り、味わい●ふかし芋のようなほくほくとした甘い香り。味わいもふっくらとして柔和な印象。
アルコール度数●25%

D リキュール　クレーム・ド・カシス

リキュールは、加える芳香性原料により、香草・薬草系、果実系、種子系、特殊(乳化)系などに分類できる。果実系のクレーム・ド・カシスは、カシス(黒スグリ)の実をグレープ・スピリッツやワインに浸漬、糖を加えて熟成させたもの。フランス・ブルゴーニュ地方ディジョン近郊が名産地。

クレーム・ド・カシス・ド・ディジョン／ルジェ・ラグート
Crème de Cassis de Dijon／Lejay Lagoute

外観●濃い紫色。
香り、味わい●カシスを煮詰めた甘い香りと、カシスジャムのような濃厚で甘い味わい。
アルコール度数●20%

※それぞれの液体の色については、P144「色で覚えるスティルワイン以外の酒類」にビジュアルが掲載されています。

二次試験対策講座

傾向と対策
1 口頭試問
2 利き酒（スティルワイン／スティルワイン以外の酒類）
スティルワインの利き酒　模擬問題

二次試験対策講座

傾向と対策

二次試験では、一次試験に類似した内容の「口頭試問」、に加え、「利き酒（テイスティング）」がありますが（ソムリエ資格受験の場合はこれに「サービス実技」が加わります）、これも事前に試験の傾向をふまえて対策を立てておけば、合格はぐっと近づきます。

1 口頭試問

「口頭試問」と称されていますが、形式は一次試験と同様のスタイルの問題文、選択肢が放送で流され、答えをマークシート式の解答用紙に記入するというもので、設問は15問前後です。問題文、選択肢がそれぞれ2回ずつ放送で流れ、解答用紙の余白部分に、メモをとることができます。基本的に、出題内容、難易度は一次試験と同じです。ただし、過去の試験では、公衆衛生、食品保健の項目は出題されていません。出題項目の分布も、例年ほぼ同様なので、酒類概論、フランス、ドイツ、イタリア、その他出題範囲の国、料理を中心に、一次試験で出なかった部分を改めて確認して備えましょう。

出題例

問題 次に読みます1～4のA.O.C.の中からボージョレ地区の最も北に位置するものを1つ選び、解答用紙の解答欄にマークしてください。

1) シエナス　　　3) フルーリー
2) レニエ　　　　4) サン・タムール

正解:4

2 利き酒

1) スティルワイン

スティルワインのテイスティングは、外観、香り、味わいの用語を選択肢から複数（選択個数がそれぞれ設定されている）選択し、マークシート方式で解答。さらに、品種、生産国、相性のよい料理なども答えます。選択用語は、たとえばP115や119の表のような内容です（試験では、必ずしもここに記載された用語のすべてが掲げられるとは限らず、記載以外の選択用語が入る可能性も十分あります）。

選択肢には、外観、香り、味わいの用語がたくさん羅列してあり、一見驚くかもしれませんが、次のページの「テイスティング用語選びのポイント」をふまえれば、選ぶべき用語は限られてきます。また、外観、香り、味わいの用語は、違う品種でも似た解答になる可能性が大いにありますが、品種、産地などは間違えないように、じっくりと品種の個性を見極めて解答しましょう。

なお、出題されるワインは、品種の見極めにポイントが置かれるため、ボルドーなど複数品種のブレンドワインはあまりなく、ヴァラエタルワインがほとんどです。

◎P114～121では、基本となる白、赤の各4品種について、レッスンに登場したワインを活用した利き酒試験の模擬問題を用意しました。実際にワインを試飲して、答えてみてください。解答ページでは、その品種を確定するポイントを解説しています。

テイスティング用語選びのポイント

①健全なワインが供出されるため、基本的にマイナスの表現は選択しません。また、赤ワイン用の選択用語の中に、白ワインにしか使わない用語が入っていたりもしますので（逆もあり）、それらは選ばないように注意します。

②試験で供出されるワインは、受験者数分の量を同じワインで用意しなくてはいけないため、古酒などが出る可能性はほとんどないでしょう。ですから、そういう表現も選ぶ必要はありません。P115、119のリストのグレーでマークしてある用語は、選択を避けるべきものです。

③選択個数はあらかじめ指示されていますので、絶対に確実なものからマークしていきましょう。指定数以上のマークをつけると失格になりますので、注意が必要です。また、選択肢の中には、チュイレ（煉瓦色）、コルセ（コクがある）など、原語がそのまま記載されるものもあるので、一次試験の範囲でもあるテイスティング用語を確認しておきましょう。

フランス語のテイスティング用語について

一次試験では、テイスティング用語が英語やフランス語の原語のまま出てくることがありますが、二次試験では、原語の読み方のカタカナ表記がテイスティング用語の選択肢の中に登場する場合もあります。重要な用語は原語の読み方も含めて覚えておきましょう。ここでは普段目にすることの少ないフランス語の用語をピックアップしてみました。

	フランス語の読み方	原語	日本語の意味
外観	パイユ	Paille	麦藁色
	テュイレ	Tuilé	レンガ色
香り	シャンピニオン	Champignon	きのこ
	スー・ボワ	Sous Bois	森の下草
	グロゼイユ	Groseille	スグリ
	ミルティーユ	Myrtille	ブルーベリー
	エピセ	Épice	スパイス
	パン・グリエ	Pain grillé	焼いたパン
	アマンドゥ・グリエ	Amande grillée	焼いたアーモンド
味わい	コルセ	Corsé	コクのある
	レジェ	Léger	軽い

相性料理の選択肢について

近年テイスティングに出題されるワインは、フランスワインだけでなく、イタリア、ドイツ、新世界など多岐にわたります。そのため、相性のよい料理の選択肢は、フランスの地方料理には限らず、一般的な料理名が並ぶケースが多いようです。「一次試験対策講座」のワインのコメントの中の「合わせる料理」は、ワイン生産地の郷土料理ではなく、相性のよい一般的な料理を記載していますので、代表的な品種に合う料理の傾向を再確認してみましょう。また、選択肢にはチーズが入っていることもありますが、具体的なチーズの名前が出ている場合もあれば、「山羊のチーズ」といったような乳種で示されている場合もあるようです。

料理とワインの合わせ方のポイント

基本的に、料理とワインは、同じようなタイプ（ボリューム、風味）で合わせると、双方が引き立て合い、美味しく味わえます。

ワイン	相性のよい料理の例
まろやかでふっくらとしたボディのシャルドネ	鶏肉のクリーム煮など柔和な料理
すっきりと爽快で、フレッシュハーブの風味が漂うソーヴィニヨン・ブラン	鮭のグリルなど素材感がダイレクトに伝わるものや、青草の香りが漂う山羊のチーズ
スパイシーでワイルドなシラー	鴨のソテー・コショウソースなど鉄分を含んだワイルドな素材やスパイシーなソースの料理

2) スティルワイン以外の酒類

近年の試験では、利き酒の4番目にはスティルワイン以外の酒類が供されます。これらに関しては、銘柄、生産国、原料、アルコール度数など、3問程度の質問に対して、選択肢から解答を選ぶのみで、テイスティングコメントはありません。ようは、何であるかがわかればよいのです。とはいえ、普段あまり馴染みがない酒類も多いと思いますので、代表的な酒類の色、香りなど、特徴をおさえておきましょう。おもな酒類の色や特徴については、P144の「色で覚えるスティルワイン以外の酒類」を参照してください。なお、アルコール度数の高い蒸留酒が出る可能性も高いので、スティルワインのテイスティングをすませてから、こちらにとりかかるとお勧めします。

出題例

たとえば、以下のような問題が出ます。供された酒類に対しての、選択すべき解答は、グレーでマークしてあります。

ソムリエ　　　　　　　　供された酒類:カルヴァドス

問題 この飲み物のおもな原料を選びなさい。
1)大麦　2)トウモロコシ　3)サトウキビ　4)ブドウ　5)リンゴ

問題 この飲み物の生産国を選びなさい。
1)イギリス　2)ジャマイカ　3)アメリカ　4)イタリア　5)フランス

問題 この飲み物の銘柄を選びなさい。
1)スコッチ・ウイスキー　2)バーボン・ウイスキー　3)コニャック
4)グラッパ　5)カルヴァドス　6)アルマニャック

アドバイザー　　　　　　供された酒類:コニャック

問題 この飲み物のおもな原料を選びなさい。
1)大麦　2)トウモロコシ　3)サトウキビ　4)ブドウ　5)リンゴ

問題 この飲み物の生産国を選びなさい。
1)イギリス　2)ジャマイカ　3)アメリカ　4)イタリア　5)フランス

問題 この飲み物の銘柄を選びなさい。
1)スコッチ・ウイスキー　2)バーボン・ウイスキー　3)コニャック
4)グラッパ　5)カルヴァドス　6)アルマニャック

エキスパート　　　　　　供された酒類:アルマニャック

問題 この飲み物のおもな原料を選びなさい。
1)大麦　2)トウモロコシ　3)サトウキビ　4)ブドウ　5)リンゴ

問題 この飲み物の生産国を選びなさい。
1)イギリス　2)ジャマイカ　3)アメリカ　4)イタリア　5)フランス

問題 この飲み物の銘柄を選びなさい。
1)スコッチ・ウイスキー　2)バーボン・ウイスキー　3)コニャック
4)グラッパ　5)カルヴァドス　6)アルマニャック

二次試験対策講座

スティルワインの利き酒 模擬問題

白ワイン基本4品種

レッスンに出てきた次のワインが、利き酒試験に出されたとして、右の選択肢から該当する用語を指定個数（個数が書かれていないものは1つ）選んで記入してください。（試験ではこれらに加えて「収穫年」を問われます）。

ワイン 実際は ブラインド	Lesson 1 → Lesson 14	Lesson 1 → Lesson 6 Lesson 23	Lesson 1 → Lesson 24	Lesson 1 → Lesson 10
	ミュスカデ・セーヴル・エ・メーヌ・シュール・リー プティ・ムートン ドメーヌ・グラン・ムートン	アルザス・リースリング ヒューゲル・エ・フィス	ソーヴィニヨン・ブラン ドッグ・ポイント・ヴィンヤード	プイィ・フュイッセ ブシャール・ペール・エ・フィス
外観	8個	9個	9個	7個
香り	11個	11個	10個	13個
味わい	10個	9個	10個	11個
アルコール度数				
おもなブドウ品種				
生産地				
相性料理				

114

白ワイン用テイスティング用語

外観

1 澄みきった	2 にごった	3 澄んで艶のある	4 曇った	5 澱のある
6 光沢のある	7 淡い色合い	8 濃い色合い	9 緑色を帯びた	10 オレンジ色を帯びた
11 淡い黄色	12 濃い黄金色	13 グリ	14 褐色	15 琥珀
16 トパーズ	17 玉ねぎの皮の色	18 テュイレ	19 くすんだ	20 水様の粘性
21 脚ができる粘性	22 極めて熟成した	23 若々しい	24 スティル	25 発泡のある

香り

1 さわやかな香り	2 上品な香り	3 若々しい	4 貧弱な	5 濃縮感のある
6 健全な	7 豊かな香り	8 フルーティ	9 柑橘系	10 青リンゴ
11 ミルティーユ	12 洋ナシ	13 ライチ	14 グレープフルーツ	15 ハーブ香
16 マルメロ	17 白い花	18 ミネラルのニュアンス	19 森	20 マスカット
21 ハチミツ	22 青ピーマン	23 バニラ	24 アマンド・グリエ	25 ゼラニウム
26 パン・グリエ	27 コーヒー	28 甘草	29 トリュフ	30 カビ臭
31 ガス臭	32 硫黄	33 動物臭	34 シナモン	35 金属的な
36 SO₂	37 バルサミック	38 ランシオ	39 紙	40 酢酸
41 イースト香	42 木樽のニュアンス	43 エーテル香	44 火打石	45 チョコレート

味わい

1 心地よいアタック	2 攻撃的なアタック	3 はつらつとしたアタック	4 荒々しいアタック	5 若々しい酸味
6 シャープな酸味	7 豊かな酸味	8 乏しい酸味	9 平坦な酸味	10 過剰な酸味
11 辛口	12 やや甘口	13 濃厚な甘みをもった	14 豊かな渋味	15 収斂性のある
16 水っぽい	17 心地よい渋み	18 コルセ	19 ダメージを受けた	20 バランスの取れた
21 バランスの悪い	22 痩せた	23 複雑味のある	24 若干の塩味	25 苦味が強い
26 キレのよい後味	27 飲むには若すぎる	28 若々しい味わい	29 熟成した味わい	30 過熟した
31 現在飲み頃の	32 コルキーな	33 余韻は5秒以下	34 余韻は7〜8秒	35 余韻は9秒以上

アルコール度数

1 11度未満	2 11〜13度未満	3 13度以上

おもなブドウ品種

1 Sauvignon Blanc	2 Riesling	3 Chardonnay	4 Viognier	5 Aligoté
6 Muscadet	7 Gewürztraminer	8 Sémillon	9 甲州	

生産地

1 フランス	2 ドイツ	3 イタリア	4 ニュージーランド	5 オーストラリア
6 アメリカ	7 チリ	8 日本		

相性料理

1 生牡蠣	2 スモークサーモン	3 ロックフォール	4 キッシュ・ロレーヌ	5 仔羊のグリエ
6 ハムとパセリのゼリー寄せ				

▨ は選択を避けるべき用語

二次試験対策講座
スティルワインの利き酒
模擬問題

解答／白ワイン

ミュスカデ・セーヴル・エ・メーヌ・シュール・リー プティ・ムートン ドメーヌ・グラン・ムートン

アルザス・リースリング ヒューゲル・エ・フィス

項目	ミュスカデ・セーヴル・エ・メーヌ・シュール・リー プティ・ムートン ドメーヌ・グラン・ムートン	アルザス・リースリング ヒューゲル・エ・フィス
外観	1 澄みきった　3 澄んで艶のある 7 淡い色合い　9 緑色を帯びた 11 淡い黄色　20 水様の粘性 23 若々しい　24 スティル	1 澄みきった　3 澄んで艶のある 6 光沢のある　7 淡い色合い 9 緑色を帯びた　11 淡い黄色 21 脚ができる粘性　23 若々しい 24 スティル
香り	1 さわやかな香り　2 上品な香り 3 若々しい　6 健全な 8 フルーティ　9 柑橘系 10 青リンゴ　15 ハーブ香 18 ミネラルのニュアンス　19 森 41 イースト香	1 さわやかな香り　2 上品な香り 3 若々しい　6 健全な 7 豊かな香り　8 フルーティ 9 柑橘系　10 青リンゴ 15 ハーブ香　17 白い花 18 ミネラルのニュアンス
味わい	1 心地よいアタック　5 若々しい酸味 6 シャープな酸味　7 豊かな酸味 11 辛口　20 バランスの取れた 26 キレのよい後味　28 若々しい味わい 31 現在飲み頃の　33 余韻は5秒以下	1 心地よいアタック　5 若々しい酸味 7 豊かな酸味　11 辛口 20 バランスの取れた　26 キレのよい後味 28 若々しい味わい　31 現在飲み頃の 34 余韻は7～8秒
アルコール度数	2 11～13度未満（このワインは12%）	2 11～13度未満（このワインは12%）
おもな品種	6 Muscadet	2 Riesling
生産国	1 フランス	1 フランス
相性料理	1 生牡蠣	4 キッシュ・ロレーヌ
品種確定のポイント	とにかく酸が印象的。果実味は控えめで、レモン水のような鋭い酸とミネラル感が爽快な、比較的シンプルな辛口。単調になりがちなミュスカデは、シュール・リー製法を用いることが多く、澱と接触して貯蔵することによる独特のイースト香をかすかに感じる。	白い花やリンゴなどの香りとともに、鉱物的（ものによっては、石油、ビニール、ゴムなど）の香り。しなやかな酸味とミネラルが豊富、口の中が冷たくなるような冷涼感があるが、果実味がなめらかで、繊細なエレガントさが特徴。基本的には甘口ならドイツ、辛口で酸味が引き締まっていたらアルザス、やや酸が柔らかい印象ならオーストラリアなど新世界の可能性も。

レッスンで掲載している
他産地のワイン

ドイツ
シュタインベルガー・リースリング・カビネット
クロスター・エーバーバッハ醸造所　*Lesson 16*

ソヴァージュ・リースリングQ.b.A.トロッケン
ゲオルク・ブロイヤー　*Lesson 16*

ヴィッラ・ローゼン・リースリングQ.b.A.
ドクター・ローゼン　*Lesson 17*

グラーハ・ヒンメルライヒ・リースリング・カビネット
ドクター・ローゼン　*Lesson 17*

オーストリア
リースリング・フェーダーシュピール
ヴァイングート・ポルツ　*Lesson 21*

オーストラリア
イエローラベル・リースリング／ウルフ・ブラス　*Lesson 23*

Lesson 00 は掲載しているレッスン番号

※レッスン番号がないワインは、「一次試験対策講座」には掲載されていませんが、一般的に入手しやすいものから参考例として選びました。商品データは巻末に記載しています。

ソーヴィニヨン・ブラン
ドッグ・ポイント・ヴィンヤード

1	澄みきった	3	澄んで艶のある
6	光沢のある	7	淡い色合い
9	緑色を帯びた	11	淡い黄色
21	脚ができる粘性	23	若々しい
24	スティル		

2	上品な香り	3	若々しい
6	健全な	7	豊かな香り
8	フルーティ	9	柑橘系
10	青リンゴ	14	グレープフルーツ
15	ハーブ香	18	ミネラルのニュアンス

1	心地よいアタック	3	はつらつとしたアタック
5	若々しい酸味	7	豊かな酸味
11	辛口	20	バランスの取れた
26	キレのよい後味	28	若々しい味わい
31	現在飲み頃の	34	余韻は7〜8秒

3　13度以上　(このワインは13%)

1　Sauvignon Blanc

4　ニュージーランド

2　スモークサーモン

ハーブなど青々とした風味と、グレープフルーツの内皮のようなほろ苦味が特徴。酸味も豊富で、爽快。ミュスカデに比べると果実味も多い。品種特性の基準と言われるニュージーランドに比べ、フランス(ロワール)ではさらに酸が引き締まり、ミネラル豊富で淡麗。一方、アメリカ、チリなど温暖な新世界では、果実の凝縮感が増す。

フランス、ロワール
サンセール・ル・シェーヌ・マルシャン
ドメーヌ・リュシアン・クロシェ　……… Lesson 1　Lesson 3

チリ
ソーヴィニヨン・ブラン・レゼルバ
コノ・スル　……… Lesson 3

プイィ・フュイッセ
ブシャール・ペール・エ・フィス

1	澄みきった	3	澄んで艶のある
6	光沢のある	11	淡い黄色
21	脚ができる粘性	23	若々しい
24	スティル		

2	上品な香り	3	若々しい
6	健全な	7	豊かな香り
8	フルーティ	10	青リンゴ
12	洋ナシ	15	ハーブ香	17 白い花
18	ミネラルのニュアンス	21	ハチミツ
23	バニラ	42	木樽のニュアンス

1	心地よいアタック	5	若々しい酸味
7	豊かな酸味	11	辛口
20	バランスの取れた	23	複雑味のある
24	若干の塩味	26	キレのよい後味
28	若々しい味わい	31	現在飲み頃の
34	余韻は7〜8秒		

3　13度以上　(このワインは13.5%)

3　Chardonnay

1　フランス

6　ハムとパセリのゼリー寄せ

特徴がないのが特徴といわれ、何の品種かよくわからない場合、シャルドネと解答すると結構当たったりもする。一般的には、突出する要素が少なく、バランス感覚に優れ、丸みのあるボディ。品種個性が少ないだけに、産地や醸造方法の違いが明確に現れる。酸、ミネラルが強く感じたら、フランス(ブルゴーニュ)、果実味の凝縮感が強く酸が柔和なら、温暖な産地。樽熟成を行うことが多い品種だが、フランスのシャブリでは、豊富な酸とミネラルによるフレッシュさを強調するために、ステンレスタンクのみで造る場合もある。

フランス、ブルゴーニュ、シャブリ
シャブリ・ラ・キュヴェ・デバキ
アルベール・ビショー　……… Lesson 4　Lesson 11

フランス、ブルゴーニュ
マコン・ヴィラージュ・グランジュ・マニアン
ルイ・ジャド　……… Lesson 1

ムルソー
ジョゼフ・ドルーアン　……… Lesson 11

フランス、ラングドック
リムー・トワベー・エ・オウモン
ジャン・クロード・マス　……… Lesson 6

アメリカ、カリフォルニア
ヴィントナーズ・リザーヴ・シャルドネ
ケンダル・ジャクソン　……… Lesson 4　Lesson 22

さらにおさえておきたい白4品種

ゲヴュルツトラミネール

ライチ、白いバラなど、独特の華やかな香りが特徴。とろりとなめらかな舌触りの後、生姜を噛んだようにぴりぴり感、スパイシーさがある。

たとえばこんなワイン
アルザス・ゲヴュルツトラミネール　ヒューゲル・エ・フィス　Lesson 7

ミュスカ(モスカート)

マスカットそのものの華やかな香りが、ワインにしても存在する。まろやかな口当たり、後味に苦味が少々。フランスのアルザスでは辛口だが、イタリアのアスティをはじめ、甘口も各地で生産。南フランスでは、ミュスカを用いた酒精強化ワインのV.D.N.(天然甘口ワイン)もある。

たとえばこんなワイン
モスカート・ダスティ／ベルサーノ(イタリア・ピエモンテ)

セミヨン

オイリーな触感、酸は穏やかで、ずっしりと重厚感のあるボディが特徴。ハチミツやラノリン脂の香り。ボルドーのソーテルヌでは、貴腐の甘口ワインとなるが、アメリカ、オーストラリアなど新世界では、辛口白ワインも多く造られている。

たとえばこんなワイン
セミヨン　レコール No.41　Lesson 22

甲州

白い花、洋ナシ、柑橘などやや控えめな香り。比較的シンプルな品種のため、低温発酵を行うことも多く、そこから由来するメロンのような吟醸香もある。軽快で、酸は穏やか。後味に苦味が少々あるのが特徴。

たとえばこんなワイン
勝沼甲州　シャトー・メルシャン　Lesson 24

二次試験対策講座
スティルワインの利き酒
模擬問題

赤ワイン基本4品種

レッスンに出てきた次のワインが、利き酒試験に出されたとして、右の選択肢から該当する用語を指定個数（個数が書かれていないものは1つ）選んで記入してください。（試験ではこれらに加えて「収穫年」を問われます）。

ワイン 実際は ブラインド	メルキュレ ブシャール・ペール・エ・フィス Lesson 2 → Lesson 10	サン・ジョセフ・デシャン M.シャプティエ Lesson 2 → Lesson 15 Lesson 23	ヴィントナーズ・リザーヴ・カベルネ・ソーヴィニヨン ケンダル・ジャクソン Lesson 2 → Lesson 22	ボージョレ・ヴィラージュ ジョゼフ・ドルーアン Lesson 2 → Lesson 4
外観	7個	10個	10個	9個
香り	8個	10個	11個	6個
味わい	8個	9個	13個	8個
アルコール度数				
おもなブドウ品種				
生産地				
相性料理				

赤ワイン用テイスティング用語

外観

1 澄みきった	2 にごった	3 光沢のある	4 曇った	5 澱のある
6 健全な	7 淡い色合い	8 濃い色合い	9 紫色を帯びた	10 オレンジ色を帯びた
11 ルビー色	12 ガーネット色	13 グリ	14 褐色	15 琥珀
16 トパーズ	17 テュイレ	18 発泡のある	19 スティル	20 若々しい
21 熟成感のある	22 老熟した	23 脚ができる粘性	24 水様の粘性	25 複雑な色調

香り

1 豊かな香り	2 熟成によるブーケがある	3 若々しいアロマに満ちた	4 貧弱な	5 健全な
6 ジャムのような	7 凝縮感のある	8 フルーティ	9 ラズベリー	10 ブラックチェリー
11 干すもも	12 カシス	13 イチゴ	14 しおれたバラ	15 ヴェジタルな
16 マルメロ	17 スミレ	18 玉ねぎ	19 ミント	20 ミネラル
21 カラメル	22 青ピーマン	23 バニラ	24 アマンドゥ・グリエ	25 タバコの葉
26 ビターチョコ	27 コーヒー	28 エピセ	29 シャンピニオン	30 黒コショウ
31 丁字	32 硫黄	33 なめし皮	34 シナモン	35 金属的な
36 SO_2	37 バルサミック	38 ランシオ	39 紙	40 酢酸
41 ビール	42 カビ臭	43 エーテル香	44 腐葉土	45 アニス

味わい

1 心地よいアタック	2 軽快なアタック	3 重量感のあるアタック	4 柔らかい酸味	5 フレッシュな酸味
6 穏やかな酸味	7 過度な酸味	8 乏しい酸味	9 辛口	10 やや甘口の
11 濃厚な甘口	12 心地よい渋味	13 溶けたタンニン	14 収斂性のある	15 豊富なタンニン
16 軽く心地よい	17 重厚な	18 コルセ	19 ダメージを受けた	20 バランスの取れた
21 アルコールの突出した	22 凝縮感のある	23 複雑味のある	24 水っぽい	25 コルキーな味
26 痩せた	27 ビロードのような	28 若々しい味わい	29 熟成した味わい	30 過熟した
31 現在飲み頃の	32 飲むにはまだ若すぎる	33 余韻は6秒以下	34 余韻は7〜8秒	35 余韻は9秒以上

アルコール度数

1 12度未満	2 12〜13.5度未満	3 13.5度以上

おもなブドウ品種

1 Pinot Noir	2 Cabernet Sauvignon	3 Cabernet Franc	4 Syrah	5 Grenache
6 Merlot	7 Gamay	8 Nebbiolo	9 Sangiovese	

生産地

1 フランス	2 ドイツ	3 イタリア	4 ニュージーランド	5 オーストラリア
6 アメリカ	7 チリ	8 日本		

相性料理

1 田舎風パテ	2 サーロイン・ステーキ	3 鴨のソテー、コショウソース	4 コック・オー・ヴァン
5 豚の網焼き、トマト添え	6 牛ほほ肉の赤ワイン煮		

は選択を避けるべき用語

二次試験対策講座
スティルワインの利き酒
模擬問題

解答／赤ワイン

	メルキュレ ブシャール・ペール・エ・フィス	サン・ジョセフ・デシャン M.シャプティエ
外観	1 澄みきった　3 光沢のある 6 健全な　11 ルビー色 19 スティル　20 若々しい 23 脚ができる粘性	1 澄みきった　3 光沢のある 6 健全な　8 濃い色合い 9 紫色を帯びた　12 ガーネット色 19 スティル　20 若々しい 23 脚ができる粘性　25 複雑な色調
香り	1 豊かな香り　3 若々しいアロマに満ちた 5 健全な　8 フルーティ 9 ラズベリー　10 ブラックチェリー 17 スミレ　20 ミネラル	1 豊かな香り　3 若々しいアロマに満ちた 5 健全な　8 フルーティ 10 ブラックチェリー　12 カシス 17 スミレ　25 タバコの葉 28 エピセ　30 黒コショウ
味わい	1 心地よいアタック　5 フレッシュな酸味 9 辛口　12 心地よい渋味 20 バランスの取れた　28 若々しい味わい 31 現在飲み頃の　34 余韻は7〜8秒	1 心地よいアタック　4 柔らかい酸味 9 辛口　14 収斂性のある 15 豊富なタンニン　20 バランスの取れた 23 複雑味のある　31 現在飲み頃の 34 余韻は7〜8秒
アルコール度数	2 12〜13.5度未満（このワインは13%）	2 12〜13.5度未満（このワインは13%）
おもな品種	1 Pinot Noir	4 Syrah
生産国	1 フランス	1 フランス
相性料理	4 コック・オー・ヴァン	3 鴨のソテー、コショウソース
品種確定のポイント	ピノ・ノワールは、透明感と光沢のある外観も特徴の1つ。ラズベリーやスミレの花、シソなど、甘酸っぱい香り。酸が多く、渋味は控えめで、みずみずしく、ジューシー。とくにフランス・ブルゴーニュでは、ミネラルが多く、エレガント。ニュージーランドも比較的上品。アメリカ、チリなど温暖な新世界では、果実味の凝縮感が強く、香りも黒系果実の香りを強く感じる。	口の中に広がるスパイシーさが、シラー最大の特徴。鉄っぽさ、生肉っぽさなど独特の動物的なニュアンスがある。フランス（北ローヌ）では、果実味、渋味も豊かだが、意外に酸が多く存在し、アルコール度数も思ったほど高くない。スミレの花のような植物の香りも特徴。一方、オーストラリアでは、より色が濃く、果実の凝縮感が強く、アルコール度数も高い。ジャム的な濃厚さとスパイシーさが目立ち、血のような鉄っぽさ、生肉っぽさは影をひそめる。
レッスンで掲載している 他産地のワイン	フランス、ブルゴーニュ ブルゴーニュ・ピノ・ノワール ジョゼフ・ドルーアン　Lesson 3 ジュヴレ・シャンベルタン ジョゼフ・ドルーアン　Lesson 12 ショレイ・レ・ボーヌ ジョゼフ・ドルーアン　Lesson 12	オーストラリア イエローラベル・シラーズ ウルフ・ブラス　Lesson 23

Lesson 00 は掲載しているレッスン番号
※レッスン番号がないワインは、「一次試験対策講座」には掲載されていませんが、一般的に入手しやすいものから参考例として選びました。商品データは巻末に記載しています。

フランス、ロワール
サンセール・ルージュ・グラン・シュマラン
ドメーヌ・リュシアン・クロシェ　Lesson 14

チリ
ピノ・ノワール・レゼルバ
コノ・スル　Lesson 3

ヴィントナーズ・リザーヴ・カベルネ・ソーヴィニヨン ケンダル・ジャクソン

1	澄みきった	3	光沢のある
6	健全な	8	濃い色合い
9	紫色を帯びた	12	ガーネット色
19	スティル	20	若々しい
23	脚ができる粘性	25	複雑な色調

1	豊かな香り	3	若々しいアロマに満ちた
5	健全な	7	凝縮感のある
8	フルーティ	10	ブラックチェリー
12	カシス	24	アマンドゥ・グリエ
26	ビターチョコ	27	コーヒー
28	エピセ		

1	心地よいアタック	3	重量感のあるアタック
4	柔らかい酸味	9	辛口
12	心地よい渋味	14	収斂性のある
17	重厚な	18 コルセ	20 バランスの取れた
22	凝縮感のある	28	若々しい味わい
31	現在飲み頃の	34	余韻は7〜8秒

3 13.5度以上（このワイン 13.5%）

2 Cabernet Sauvignon

6 アメリカ

2 サーロイン・ステーキ

メルロとともに、色が濃く、果実の凝縮感、渋味が強い、フルボディワインを造る代表品種。新世界の場合、果実味が濃い分、メルロとの見分けがむずかしい。一般的に、カベルネ・ソーヴィニヨンは、メルロに比べ、渋味、酸味が多く、若干、ヴェジタルなニュアンス（新世界ではハーブやユーカリ系の香り）がある。フランスのボルドーでは、青野菜的なニュアンスがより顕著にわかるので、一度意識しながらテイスティングしてみるとよい。

フランス、ボルドー（カベルネ・ソーヴィニヨン主体のブレンド）

シャトー・シサック .... Lesson 2

シャトー・ダルマイヤック .... Lesson 9

ボージョレ・ヴィラージュ ジョゼフ・ドルーアン

1	澄みきった	3	光沢のある
6	健全な	7	淡い色合い
9	紫色を帯びた	11	ルビー色
19	スティル	20	若々しい
23	脚ができる粘性		

1	豊かな香り	3	若々しいアロマに満ちた
5	健全な	8	フルーティ
13	イチゴ	17	スミレ

1	心地よいアタック	2	軽快なアタック
5	フレッシュな酸味	9	辛口
16	軽く心地よい	20	バランスの取れた
31	現在飲み頃の	33	余韻は6秒以下

2 12〜13.5度未満（このワイン 12.5%）

7 Gamay

1 フランス

1 田舎風パテ

イチゴのようなフレッシュで、甘い香りがガメイの品種個性。外観は透明感のある淡いルビー色で、渋味が少ないところとともにピノ・ノワールに似ているが、ピノ・ノワールのほうが酸味が鋭くエレガントなのに対し、ガメイはみずみずしい果実味の中にやや土っぽい素朴さがある。クリュ・ボージョレになると、ヴィラージュものに比べ、果実の凝縮感や余韻が増す。

フランス、ボージョレ

ムーラン・ナ・ヴァン・シャトー・デ・ジャック ルイ・ジャド .... Lesson 10

さらにおさえておきたい赤4品種

メルロ

濃い色調、樽風味、黒系果実の香り、フルボディなど、カベルネ・ソーヴィニヨンとの類似点も多いが、メルロのほうがより果実の凝縮感が強く、まろやかな印象。渋味や酸味が果実味に包み込まれ、刺々しさがない。

たとえばこんなワイン

シャトー・キノー・ランクロ Lesson 9

マルケス・デ・カーサ・コンチャ・メルロー コンチャ・イ・トロ（チリ）

長野メルロー／シャトー・メルシャン（日本）

カベルネ・フラン

カベルネ・ソーヴィニヨンに比べ、よりヴェジタルな印象が強いのが特徴。ピーマン、ししとうなど青野菜の香りと、それらを噛んだような辛味がある。渋味はカベルネ・ソーヴィニヨンよりは弱く、酸がしっかり存在し、ミディアムボディでエレガント。

たとえばこんなワイン

ソーミュール・シャンピニィ・ラ・ブルトニエール ラングロワ・シャトー Lesson 6

シノン・レ・モンティフォール ラングロワ・シャトー Lesson 14

バルベーラ

イタリアワイン全般にいえるのは、完熟感ある果実味と酸味の両者をしっかり携え、メリハリのきいた味わいだということ。バルベーラは、ダークチェリー的な果実味に、品種由来の豊かな酸がしなやかに溶け、みずみずしくエレガント。ミディアムボディで、重すぎない。

たとえばこんなワイン

バルベーラ・ダスティ・モンテブルーナ ブライダ Lesson 19

サンジョヴェーゼ

熟した果実味の中に存在する、しなやかな多量の酸が特徴で、後味は渇いた印象。ダークチェリー、ブラックオリーブ、鉄分の香りが混じる。

たとえばこんなワイン

キャンティ・クラッシコ・ブローリオ バローネ・リカーゾリ Lesson 19

掲載商品データ

※輸入元や価格帯のデータは2010年4月現在のものです。
※価格帯は、輸入元の希望小売価格、参考価格をもとにしていますので、市場での実勢価格とは異なる場合もあります。また価格帯最後に商品の容量が記載されていない場合は、すべて750mlの価格です。

※価格帯　●：2,000円未満／●●：2,000円台／●●●：3,000円台／●●●●：4,000円以上

一次試験対策講座

	ワイン名	生産者	産地	価格帯	輸入元/販売元
Lesson 1	**白ワインのテイスティング**				Page 10〜13
A	ミュスカデ・セーヴル・エ・メーヌ・シュール・リー・プティ・ムートン Muscadet Sèvre et Maine Sur Lie Petit Mouton	ドメーヌ・グラン・ムートン Domaine Grand Mouton	フランス、ロワール地方、ペイ・ナンテ地区	●●	出水商事
B	サンセール・ル・シェーヌ・マルシャン Sancerre le Chêne Marchand	ドメーヌ・リュシアン・クロシェ Domaine Lucien Crochet	フランス、ロワール地方、サントル・ニヴェルネ地区	●●●	出水商事
C	アルザス・リースリング Alsace Riesling	ヒューゲル・エ・フィス Hugel et Fils	フランス、アルザス地方	●●●	ジェロボーム
D	マコン・ヴィラージュ・グランジュ・マニアン Mâcon-Villages Grange Magnien	ルイ・ジャド Louis Jadot	フランス、ブルゴーニュ地方、マコネ地区	●●	日本リカー
2	**赤ワインのテイスティング**				Page 14〜17
A	ボージョレ・ヴィラージュ Beaujolais-Villages	ジョセフ・ドルーアン Joseph Drouhin	フランス、ブルゴーニュ地方、ボージョレ地区	●	三国ワイン
B	メルキュレ Mercurey	ブシャール・ペール・エ・フィス Bouchard Père & Fils	フランス、ブルゴーニュ地方、コート・シャロネーズ地区	●●●	ファインズ
C	サン・ジョセフ・デシャン Saint-Joseph Deschants	M.シャプティエ M.Chapoutier	フランス、コート・デュ・ローヌ地方、北部地区	●●●	日本リカー
D	シャトー・シサック Château Cissac		フランス、ボルドー地方、メドック地区、オー・メドック	●●●	豊通食料
3	**産地による風味の違い**				Page 18〜21
A	サンセール・ル・シェーヌ・マルシャン →Lesson 1-Bに掲載				
B	ソーヴィニヨン・ブラン・レゼルバ Sauvignon Blanc Reserva	コノ・スル Cono Sur	チリ、アコンカグア地方、カサブランカ・ヴァレー	●	スマイル
C	ピノ・ノワール・レゼルバ Pinot Noir Reserva	コノ・スル Cono Sur	チリ、アコンカグア地方、カサブランカ・ヴァレー	●	スマイル
D	ブルゴーニュ Bourgogne	ジョセフ・ドルーアン Joseph Drouhin	フランス、ブルゴーニュ地方	●●	三国ワイン
4	**ボディによる風味の違い**				Page 22〜25
A	シャブリ・ラ・キュヴェ・デパキ Chablis la Cuvée Depaquit	アルベール・ビショー Albert Bichot	フランス、ブルゴーニュ地方、シャブリ地区	●●	メルシャン
B	ヴィントナーズ・リザーヴ・シャルドネ Vintner's Reserve Chardonnay	ケンダル・ジャクソン Kendall-Jackson	アメリカ、カリフォルニア州、ソノマ郡	●●	エノテカ
C	ボージョレ・ヴィラージュ →Lesson 2-Aに掲載				
D	ヴィントナーズ・リザーヴ・カベルネ・ソーヴィニヨン Vintner's Reserve Cabernet Sauvignon	ケンダル・ジャクソン Kendall-Jackson	アメリカ、カリフォルニア州、ソノマ郡	●●	エノテカ
5	**ロゼとスパークリング**				Page 26〜29
A	ホワイト・ジンファンデル White Zinfandel	ベリンジャー・ヴィンヤーズ Beringer Vineyards	アメリカ、カリフォルニア州、ナパ郡	●	サッポロビール
B	タヴェル・ロゼ Tavel Rosé	E.ギガル E.Guigal	フランス、コート・デュ・ローヌ地方、南部地区	●●●	ラック・コーポレーション
C	プロセッコ・コネリアーノ・ヴァルドッビアーデネ・ブリュット Prosecco Conegliano Valdobbiadene Brut	ベッレンダ Bellenda	イタリア、ヴェネト州	●●●	モンテ物産
D	ブリュット・アンペリアル Brut Impérial	モエ・エ・シャンドン Moët & Chandon	フランス、シャンパーニュ地方	●●●●	MHD モエ ヘネシー ディアジオ
6	**フランスワインの代表産地**				Page 30〜33
A	アルザス・リースリング →Lesson 1-Cに掲載				
B	リムー・トワベー・エ・オウモン Limoux IIIB & Auromon	ジャン・クロード・マス Jean-Claud Mas	フランス、ラングドック地方	●●	モトックス
C	ソーミュール・シャンピニ・ラ・ブルトニエール Saumur-Champigny la Bretonnière	ラングロワ・シャトー Langlois-Château	フランス、ロワール地方、ソーミュール地区	●●	ラック・コーポレーション
D	コトー・デュ・ラングドック Coteaux du Languedoc	シャトー・ポール・マス Château Paul Mas	フランス、ラングドック地方	●●	モトックス

	ワイン名	生産者	産地	価格帯	輸入元/販売元
Lesson 7	フランスの個性的なA.O.C.ワイン				Page 34〜37
A	カシス・ブラン Cassis Blanc	ドメーヌ・ド・ラ・フェルム・ブランシュ Domaine de la Ferme Blanche	フランス、プロヴァンス地方	●●	ファインズ
B	アルザス・ゲヴュルツトラミネール Alsace Gewürztraminer	ヒューゲル・エ・フィス Hugel et Fils	フランス、アルザス地方	●●	ジェロボーム
C	マディラン・シャトー・モンテュス Madiran Château Montus	ドメーヌ・アラン・ブリュモン Domaine Alain Brumont	フランス、南西地方、 ピレネー地区	●●●●	三国ワイン
D	ミネルヴォワ・ルージュ・ラ・バスティド Minervois Rouge la Bastide	シャトー・クープ・ローズ Château Coupe Roses	フランス、ラングドック地方	●	アズマ コーポレーション
8	ボルドー地方の白ワイン				Page 38〜41
A	クロ・フロリデーヌ Clos Floridène		フランス、ボルドー地方、 グラーヴ地区	●●●	ファインズ
B	カルム・ド・リューセック Carme de Rieussec	シャトー・リューセック Château Rieussec	フランス、ボルドー地方、 ソーテルヌ地区	●●●●	ファインズ
9	ボルドー地方の赤ワイン				Page 42〜45
A	シャトー・ダルマイヤック Château d'Armailhac		フランス、ボルドー地方、 メドック地区、ポイヤック	●●●●	ファインズ
B	シャトー・キノー・ランクロ Château Quinault l'Enclos		フランス、ボルドー地方、 サンテミリオン	●●●●	ファインズ
10	ブルゴーニュワインの主要品種				Page 46〜49
A	ブーズロン Bouzeron	A & P・ド・ヴィレーヌ A et P de Villaine	フランス、ブルゴーニュ地方、 コート・シャロネーズ地区	●●	ラック・コーポレーション
B	プイィ・フュイッセ Pouilly-Fuissé	ブシャール・ペール・エ・フィス Bouchard Père & Fils	フランス、ブルゴーニュ地方、 マコネ地区	●●●	ファインズ
C	ムーラン・ナ・ヴァン・シャトー・デ・ジャック Moulin-à-Vent Château des Jacques	ルイ・ジャド Louis Jadot	フランス、ブルゴーニュ地方、 ボージョレ地区	●●●	日本リカー
D	メルキュレ →Lesson 2-Bに掲載				
11	ブルゴーニュ地方の白ワイン				Page 50〜53
A	シャブリ・ラ・キュヴェ・デパキ →Lesson 4-Aに掲載				
B	ムルソー Meursault	ジョゼフ・ドルーアン Joseph Drouhin	フランス、ブルゴーニュ地方、 コート・ド・ボーヌ地区	●●●●	三国ワイン
12	ブルゴーニュ地方の赤ワイン				Page 54〜57
A	ジュヴレ・シャンベルタン Gevrey-Chambertin	ジョゼフ・ドルーアン Joseph Drouhin	フランス、ブルゴーニュ地方、 コート・ド・ニュイ地区	●●●●	三国ワイン
B	ショレイ・レ・ボーヌ Chorey-lès-Beaune	ジョゼフ・ドルーアン Joseph Drouhin	フランス、ブルゴーニュ地方、 コート・ド・ボーヌ地区	●●●●	三国ワイン
13	シャンパーニュ地方				Page 58〜61
A	サマータイム Summertime	ポメリー Pommery	フランス、シャンパーニュ地方	●●●●	メルシャン
B	ウインタータイム Wintertime	ポメリー Pommery	フランス、シャンパーニュ地方	●●●●	メルシャン
C	ブリュット・ロワイヤル Brut Royal	ポメリー Pommery	フランス、シャンパーニュ地方	●●●●	メルシャン
D	スプリングタイム Springtime	ポメリー Pommery	フランス、シャンパーニュ地方	●●●●	メルシャン
14	ロワール地方				Page 62〜65
A	ミュスカデ・セーヴル・エ・メーヌ・シュール・リー・プティ・ムートン →Lesson 1-Aに掲載				
B	ヴーヴレ・セック Vouvray Sec	ドメーヌ・ヴィニョー・シュヴロー Domaine Vigneau-Chevreau	フランス、ロワール地方、 トゥーレーヌ地区	●●	モトックス
C	サンセール・ルージュ・ル・グラン・シュマラン Sancerre Rouge le Grand Chemarin	ドメーヌ・リュシアン・クロシェ Domaine Lucien Crochet	フランス、ロワール地方、 サントル・ニヴェルネ地区	●●●●	出水商事
D	シノン・レ・モンティフォール Chinon les Montifault	ラングロワ・シャトー Langlois-Château	フランス、ロワール地方、 トゥーレーヌ地区	●●	ラック・コーポレーション

一次試験対策講座

	ワイン名	生産者	産地	価格帯	輸入元／販売元
Lesson 15	**コート・デュ・ローヌ地方**				Page 66〜69
A	ヴィオニエ・ドゥ・ラルデッシュ・ドメーヌ・デ・グランジュ・ド・ミラベル Viognier de l'Ardeche Domaine des Granges de Mirabel	M.シャプティエ M.Chapoutier	フランス、コート・デュ・ローヌ地方	●●	日本リカー
B	クローズ・エルミタージュ・ブラン Crozes-Hermitage Blanc	E.ギガル E.Guigal	フランス、コート・デュ・ローヌ地方、北部地区	●●	ラック・コーポレーション
C	サン・ジョセフ・デシャン →**Lesson 2-Cに掲載**				
D	ジゴンダス Gigondas	M.シャプティエ M.Chapoutier	フランス、コート・デュ・ローヌ地方、南部地区	●●●●	日本リカー
16	**ドイツワインの主要品種**				Page 70〜73
A	シュタインベルガー・リースリング・カビネット Steinberger Riesling Kabinett	クロスター・エーバーバッハ醸造所 Kloster Eberbach	ドイツ、ラインガウ地方、ヨハニスベルク地区	●●●	日本リカー
B	ソヴァージュ・リースリングQ.b.A. トロッケン Souvage Riesling Q.b.A. Trocken	ゲオルク・ブロイヤー Georg Breuer	ドイツ、ラインガウ地方、ヨハニスベルク地区	●●●	ヘレンベルガー・ホーフ
C	ランダースアッカー・ゾンネンシュトゥール・シルヴァーナ・カビネット・トロッケン Randersacker Sonnenstubl Sylvaner Kabinett Trocken	ヴァイングート・シュテアライン Weingut Störrlein	ドイツ、フランケン地方	●●●	ヘレンベルガー・ホーフ
D	ルージュ・シュペートブルグンダーQ.b.A. トロッケン Rouge Spätburgunder Q.b.A. Trocken	ゲオルク・ブロイヤー Georg Breuer	ドイツ、ラインガウ地方、ヨハニスベルク地区	●●●	ヘレンベルガー・ホーフ
17	**ドイツワインの品質等級**				Page 74〜77
A	ヴィッラ・ローゼン・リースリングQ.b.A Villa Loosen Riesling Q.b.A.	ドクター・ローゼン Dr.Loosen	ドイツ、モーゼル地方	●	モトックス
B	グラーハー・ヒンメルライヒ・リースリング・カビネット Graacher Himmelreich Riesling Kabinett	ドクター・ローゼン Dr.Loosen	ドイツ、モーゼル地方、ベルンカステル地区	●●●	モトックス
C	グラーハー・ヒンメルライヒ・リースリング・シュペトレーゼ Graacher Himmelreich Riesling Spätlese	ドクター・ローゼン Dr.Loosen	ドイツ、モーゼル地方、ベルンカステル地区	●●●●	モトックス
18	**イタリアの白ワイン**				Page 78〜81
A	プロセッコ・コネリアーノ・ヴァルドッビアーデネ・ブリュット →**Lesson 5-Cに掲載**				
B	フランチャコルタ・ブリュット・キュヴェ・プレステージ Franciacorta Brut Cuvée Prestige	カ・デル・ボスコ Ca'del Bosco	イタリア、ロンバルディア州	●●●●	フードライナー
C	ソアーヴェ・クラッシコ Soave Classico	ピエロパン Pieropan	イタリア、ヴェネト州	●●	フードライナー
D	グレコ・ディ・トゥーフォ Greco di Tufo	フェウディ・ディ・サン・グレゴリオ Feudi di San Gregorio	イタリア、カンパーニア州	●●	モンテ物産
19	**イタリアの赤ワイン**				Page 82〜85
A	バルベーラ・ダスティ・モンテブルーナ Barbera d'Asti Montebruna	ブライダ Braida	イタリア、ピエモンテ州	●●●	フードライナー
B	ヴァルポリチェッラ・クラッシコ Valpolicella Classico	サンティ Santi	イタリア、ヴェネト州	●	フードライナー
C	キャンティ・クラッシコ・ブローリオ Chianti Classico Brolio	バローネ・リカーゾリ Barone Ricasoli	イタリア、トスカーナ州	●●	フードライナー
D	バローロ・ゾンケッラ Barolo Zonchera	チェレット Ceretto	イタリア、ピエモンテ州	●●●●	ファインズ
20	**スペイン**				Page 86〜89
A	カバ・ブリュット Cava Brut	ナダル Nadal	スペイン、地中海地方、ペネデス地区	●	スマイル
B	フィンカ・デ・アランテイ・アルバリーニョ Finca de Arantei Albariño Rias Baixas	ボデガス・ラ・ヴァル Bodegas la Val	スペイン、大西洋地方、リアス・バイシャス地区	●●	メルシャン
C	リオハ・クリアンサ Rioja Crianza	ベロニア Beronia	スペイン、北部地方、リオハ地区	●●	メルシャン
D	リオハ・グラン・レセルバ Rioja Gran Reserva	ベロニア Beronia	スペイン、北部地方、リオハ地区	●●●	メルシャン
21	**オーストリア**				Page 90〜93
A	リースリング・フェーダーシュピール Riesling Federspiel	ヴァイングート・ポルツ Weingut Polz	オーストリア、ニーダーエスタライヒ州、ヴァッハウ	●●	モトックス
B	グリューナー・フェルトリーナー・スマラクト Gruner Veltliner Smaragt	ヴァイングート・ポルツ Weingut Polz	オーストリア、ニーダーエスタライヒ州、ヴァッハウ	●●●	モトックス
C	ブラウフレンキッシュ Blaufrankisch	ヴァイングート・グラッツァー Weingut Glatzer	オーストリア、ニーダーエスタライヒ州、カルヌントゥム	●●	モトックス
D	ツヴァイゲルト Zweigelt	ユルチッチ・ソンホフ Jurtschitsch Sonnhof	オーストリア、ニーダーエスタライヒ州、カンプタール	●●	エイ・ダブリュー・エイ

	ワイン名	生産者	産地	価格帯	輸入元／販売元
Lesson 22	アメリカ				Page 94〜97
A	セミヨン Semillon	レコール No.41 L'Ecole No.41	アメリカ、ワシントン州、コロンビア・ヴァレー	●●	オルカ・インターナショナル
B	ヴィントナーズ・リザーヴ・シャルドネ →Lesson 4-Bに掲載				
C	プライベート・セレクション・ジンファンデル Private Selection Zinfandel	ロバート・モンダヴィ Robert Mondavi	アメリカ、カリフォルニア州	●●	メルシャン
D	ヴィントナーズ・リザーヴ・カベルネ・ソーヴィニヨン →Lesson 4-Dに掲載				
23	オーストラリア				Page 98〜101
A	アルザス・リースリング →Lesson 1-Cに掲載				
B	イエローラベル・リースリング Yellow Label Riesling	ウルフ・ブラス Wolf Blass	オーストラリア、南オーストラリア州	●●	メルシャン
C	イエローラベル・シラーズ Yellow Label Shiraz	ウルフ・ブラス Wolf Blass	オーストラリア、南オーストラリア州	●●	メルシャン
D	サン・ジョセフ・デシャン →Lesson 2-Cに掲載				
24	その他新世界と象徴品種				Page 102〜105
A	勝沼甲州 Katsunuma Koshu	シャトー・メルシャン Château Mercian	日本、山梨県	●	メルシャン
B	ソーヴィニヨン・ブラン Sauvignon Blanc	ドッグ・ポイント・ヴィンヤード Dog Point Vineyard	ニュージーランド、南島、マールボロ地区	●●●	ジェロボーム
C	クマ・オーガニック・マルベック Cuma Organic Malbec	ミッシェル・トリノ・エステート Michel Torino Estate	アルゼンチン、北西部	●	スマイル
D	カッシェロ・デル・ディアブロ・カルムネール Casillero del Diablo Carmenère	コンチャ・イ・トロ Concha y Toro	チリ、セントラル・ヴァレー、ラペル・ヴァレー	●	メルシャン
25	ワイン以外の酒類				Page 106〜109
A	ブラー・グラン・ソラージュ Boulard Grand Solage	カルヴァドス・ブラー Calvados Boulard	フランス、ノルマンディー地方	●●● (700ml)	サントリー
B	ロンドン・ドライ・ジン London Dry GinL	チャールズ・タンカレー Charles Tanqueray	イギリス	●●	キリンビール
C	一刻者 Ikkomon	宝酒造 Takara Shuzo	日本、宮崎県	● (720ml)	宝酒造
D	クレーム・ド・カシス・ド・ディジョン Crème de Cassis de Dijon	ルジェ・ラグート Lejay Lagoute	フランス、ブルゴーニュ地方	●● (700ml)	サントリー

二次試験対策講座

ワイン名	生産者	産地	価格帯	輸入元／販売元
スティルワインの利き酒　模擬問題				Page 114〜121
ミュスカデ・セーヴル・エ・メーヌ・シュール・リー・プティ・ムートン	→Lesson 1-Aに掲載			
アルザス・リースリング	→Lesson 1-Cに掲載			
ソーヴィニヨン・ブラン	→Lesson 24-Bに掲載			
プイィ・フュイッセ	→Lesson 10-Bに掲載			
メルキュレ	→Lesson 2-Bに掲載			
サン・ジョセフ・デシャン	→Lesson 2-Cに掲載			
ヴィントナーズ・リザーヴ・カベルネ・ソーヴィニヨン	→Lesson 4-Bに掲載			
ボージョレ・ヴィラージュ	→Lesson 2-Aに掲載			

二次試験対策講座

ワイン名	生産者	産地	価格帯	輸入元／販売元
▼ さらにおさえておきたい品種に登場する、「一次試験対策講座」に未出のワイン				Page 114〜121
モスカート・ダスティ Moscato d'Asti	ベルサーノ Bersano	イタリア、ピエモンテ州	●	メルシャン
マルケス・デ・カーサ・コンチャ・メルロー Marquez de Casa Concha Merlot	コンチャ・イ・トロ Concha y Toro	チリ、セントラル・ヴァレー地方 ラベル・ヴァレー	●●	メルシャン
長野メルロー Nagano Merlot	シャトー・メルシャン Château Mercian	日本、長野県	●	メルシャン

付録

ワイン名	生産者	産地	価格帯	輸入元／販売元
色で覚えるスティルワイン以外の酒類				Page 144
一刻者 →Lesson 25-Cに掲載				
グラッパ・ディ・バローロ・ラ・ガルバッソラ Grappa di Barolo la Garbassola	ベルタ Berta	イタリア、ピエモンテ州	●●●●	フードライナー
オー・ド・ヴィー・フランボワーズ Eau-de-Vie Framboise	プルー Peureux	フランス	●● (500ml)	オエノングループ 合同酒精
ロンドン・ドライ・ジン →Lesson 25-Bに掲載			(700ml)	
ストリチナヤ Stolichnaya	エス・ピー・アイ SPI	ロシア	●	アサヒビール
バカルディ・スペリオール Bacardi Superior	バカルディ Bacardi	プエルトリコ	●	バカルディ ジャパン
コアントロー Cointreau	レミー・コアントロー Remy Cointreau	フランス、ロワール地方	●●	バカルディ ジャパン
ミュスカ・ド・ボーム・ド・ヴニーズ Muscat de Beaumes de Venise	M.シャプティエ M.Chapoutier	フランス、コート・デュ・ローヌ地方、 南部地区	●●●● (700ml)	日本リカー
シェリー・ドライ・フィノ Sherry Dry Fino	アレクサンダー・ゴードン Alexander Gordon	スペイン、南部地方、ヘレス	●●	大榮産業
クレーム・ド・カシス・ド・ディジョン →Lesson 25-Dに掲載				
バニュルス Banyuls	M.シャプティエ M.Chapoutier	フランス、 ラングドック・ルーション地方	●●	日本リカー
ルビー・ポート Ruby Port	フォンセカ・ギマラエンス Fonseca Guimaraens	ポルトガル、トラズ・オス・モンテス地方、 ポルト・エ・ドウロ	●● (500ml)	日本リカー
バランタイン・ファイネスト Ballantine Finest	ジョージ・バランタイン&サン Georges Ballantine & Sons	スコットランド	●	サントリー
フォア・ローゼズ・バーボン Four Roses Bourbon	フォア・ローゼズ・ディスティラリー Four Roses Distillery	アメリカ、ケンタッキー州	●● (700ml)	キリンビール
VSOP・エレガンス VSOP Ellegance	カミュ Camus	フランス、コニャック地方、 ボルドー地区	●●● (700ml)	アサヒビール
VSOP VSOP	シャボー Chabot	フランス、アルマニャック地方	●●● (700ml)	サントリー
ブラー・グラン・ソラージュ →Lesson 25-Aに掲載				
マール・ド・ブルゴーニュ Marc de Bourgogne	ドメーヌ・ド・ラ・プス・ドール Domaine de la Pousse d'Or	フランス、ブルゴーニュ地方	●●●●	ラック・コーポレーション
バカルディ・ブラック Bacardi Black	バカルディ Bacardi	プエルトリコ	● (500ml)	バカルディ ジャパン
グラン・マルニエ・コルドン・ルージュ Grand Marnier Cordon Rouge	マルニエ・ラポストール Marnier-Rapostolle	フランス	●●	サントリー
ベネディクティン・DOM Bénédictine DOM	ベネディクティン Bénédictine	フランス、ノルマンディー地方	●● (700ml)	バカルディ ジャパン
シェリー・ドライ・アモンティリャード Sherry Dry Amontillado	アレクサンダー・ゴードン Alexander Gordon	スペイン、南部地方、ヘレス	●●●	大榮産業
ウェルシュ・ブラザーズ・マデイラ・ファイネスト・リッチ Welsh Brothers Madeira Finest Rich	ザ・マデイラ・ワイン・カンパニー The Madeira Wine Company	ポルトガル、マデイラ島	●●	メルシャン
シャルトリューズ・ヴェール Chartreuse Vert	シャルトリューズ・ディフュージョン Chartreuse-Diffusion	フランス	●●●●	サントリー
シャルトリューズ・ジョーヌ Chartreuse Jaune	シャルトリューズ・ディフュージョン Chartreuse-Diffusion	フランス	●●●●	サントリー
カンパリ Campari	ダヴィデ・カンパリ Davide Campari	イタリア	● (700ml)	サントリー

Tasting Sheet

日付		・試飲場所	
ワイン名		・	
		・	
ワイナリー名		・	
		・	
ヴィンテージ		・産地	
品種		・	
小売価格		・購入先	
外観	濃淡、色調	・	
	清澄度	・粘性	
香り	強弱	・複雑性	
	具体的な香りの要素	・	
		・	
味わい	アタック	・	
	果実味	・	
	酸味	・	
	甘辛度（白ワインの場合）／渋み（赤ワインの場合）	・	
	ボディ	・余韻	
	その他	・	
		・	
合う料理		・	
		・	
メモ		・	
		・	

P12〜13、16〜17の学習ポイントを参考に、本書に掲載されているワイン以外のコメントを書く際に活用してください。

Etsuko Tsukamoto

塚本悦子

ワインコーディネーター、ワインライター。日本ソムリエ協会認定ワインアドバイザー。『ワイナート』など各誌で執筆。複数のワインスクールで試験対策講座の講師を務め、多くの合格者を送り出している。

本書特設Webページのお知らせ

レッスンに掲載されているワインが買えるショップとのリンクや、呼称資格認定試験の最新情報、出題範囲をふまえた傾向と対策など、本書の内容と連動した特設Webページをオープンします。詳しくはhttp://www.bijutsu.co.jp/bss/の本書の情報ページにて！

Tasting Workbook for Your Wine Skills

ワイン力をアップする
テイスティングワークブック 1

ソムリエ、ワインアドバイザー、ワインエキスパートワインの試験対策

発行日●2010年4月30日　第1刷

著者●塚本悦子
デザイン●西村淳一
撮影●スタジオM（ワイン）＋川上尚見（料理）
料理●戸塚多恵子
編集●梅原比呂子(美術出版社)＋杉本多恵＋井野川麻子
編集協力●吉岡香織
撮影協力●リストランテ・ダ・ニーノ
ＤＴＰ●株式会社アド・エイム
印刷・製本●富士美術印刷株式会社

発行人●大下健太郎
発行●株式会社美術出版社
〒101-8417
東京都千代田区神田神保町2-38
稲岡九段ビル8階
電話●03-3235-5136（営業）、03-3234-2173（編集）
振替●00150-9-166700
http://www.bijutsu.co.jp/bss/

乱丁・落丁の本がございましたら、小社宛にお送りください。送料負担でお取り替えいたします。　本書の全部または一部を無断で複写(コピー)することは著作権法上での例外を除き、禁じられています。

ISBN／978-4-568-50415-6 C0070 ©Etsuko Tsukamoto 2010 / Printed in Japan

ビジュアル
つきで
覚えやすい

試験対策資料編

Appendix

付録

ワインの資格試験のための学習項目の中には、見たことも聞いたこともないような料理やチーズ、スティルワイン以外の酒類が出てきます。文字で読むだけでなく、ビジュアルで確認することで、どんなものかがイメージしやすく、またワインと結びつけやすくなり、より簡単に覚えられるでしょう。

1	フランス、イタリア地方料理とワインの相性
2	フランス、イタリアの代表的チーズとワインの相性
3	色で覚えるスティルワイン以外の酒類

Appendix 1 フランス、イタリア地方料理とワインの相性

「合うワイン」の略号
- 白 白ワイン
- 赤 赤ワイン
- ロゼ ロゼワイン
- 甘 白ワインの甘口
- 半甘 白ワインの半甘口
- 発 白の発泡酒
- 発 赤の発泡酒
- 発 ロゼの発泡酒
- 他 その他

フランス France

ボルドー Bordeaux

料理	合うワイン
アントルコート・ボルドレーズ *Entrecôte Bordelaise* 牛ロース、ボルドー風	赤 *Médoc* 赤 *Haut-Médoc* 赤 *Graves*
ランプロワ・ア・ラ・ボルドレーズ *Lamproie à la Bordelaise* 八つ目ウナギ、ボルドー風	赤 *Saint-Émilion* 赤 *Pomerol*
アニョー・ド・レ *Agneau de Lait* 乳飲み仔羊	赤 *Pauillac*

129

付録

フランス、イタリア地方料理とワインの相性

フランス ブルゴーニュ
Bourgogne

料理	合うワイン
エスカルゴ・ア・ラ・ブルギニョンヌ *Escargots à la Bourguignonne* ブルゴーニュ風エスカルゴの殻焼き	白 Chablis 白 Mâcon Blanc
ジャンボン・ペルシエ *Jambon Persillé* ハムとパセリのゼリー寄せ	白 Mâcon Blanc 赤 Beaujolais
コック・オ・ヴァン *Coq au Vin* 雄鶏の赤ワイン煮	赤 Gevrey-Chambertin
ブッフ・ブルギニョン *Boeuf Bourguignon* 牛肉の赤ワイン煮	赤 Côte d'Or Rouge
ウフ・アン・ムーレット *Oeuf en Meurette* 赤ワイン仕立てポーチドエッグ	赤 Côte d'Or Rouge(軽め)
クネル・ド・ブロシェ *Quenelle de Brochet* 川かますのクネル	白 Pouilly Fuissé

フランス シャンパーニュ
Champagne

料理	合うワイン
ユイトル・オ・シャンパーニュ *Huîtres au Champagne* 牡蠣のシャンパーニュ風	発 Champagne

フランス ロワール
Loire

料理	合うワイン
ブロシェ・オ・ブール・ナンテ *Brochet au Beurre Nantais* 川かます、ブール・ナンテ	白 Muscadet
リエット・ド・トゥール *Rillettes de Tours* トゥール風豚肉のペースト	白 赤 ロ Touraine Blanc, Rouge, Rosé
アスペルジュ・ソース・ムスリーヌ *Asperges Sauce Mousseline* アスパラガス、ソース・ムスリーヌ	発 Saumur Mousseux 発 Vouvray Mousseux 甘 Vouvray Moelleux
フィレ・ミニョン・オ・プリュノー *Filet Mignon aux Pruneaux* フィレ・ミニョン、プルーン添え	赤 Chinon Rouge 赤 Bourgueil 赤 Saumur Champigny

130

| カルプ・ア・ラ・シャンボール
Carpe à la Chambord
シャンボール風鯉 | 赤 *Chinon Rouge* |

| マトロット・ダンギーユ
Matelote d'Anguille
ウナギの赤ワイン煮 | 赤 *Chinon Rouge* |

| アンドゥイエット
Andouillette
豚の内臓のソーセージ | 白 *Vouvray* |

| タルト・タタン
Tarte Tatin
タルト・タタン | 甘 *Vouvray Moelleux* |

フランス ローヌ
Rhône

料理 / 合うワイン

| ナヴァラン・ダニョー
Navarin d'Agneau
仔羊の煮込み | 赤 Châteauneuf-du-Pape Rouge |

フランス プロヴァンス
Provence

料理 / 合うワイン

| タプナード
Tapenade
アンチョヴィ、黒オリーブ、ケッパーのペースト | 赤 ロゼ *Vins de Provence Rouge, Rosé* |

| サラダ・ニソワーズ
Salade Niçoise
ニース風サラダ | 白 ロゼ *Vins de Provence Blanc, Rosé* |

| ラタトゥイユ
Ratatouille
野菜のトマト煮 | ロゼ *Vins de Provence Rosé* |

| ジゴ・ダニョー・ロティ
Gigot d'Agneau Rôti
仔羊もも肉のロースト | 赤 *Bandol Rouge* |

| ブイヤベース
Bouillabaisse
ブイヤベース | 白 *Cassis Blanc* |

フランス アルザス／ロレーヌ
Alsace/Lorraine

料理 / 合うワイン

| フォワグラ
Foie Gras
フォワグラ | 甘 *Pinot Gris V.T.SGN*
甘 *Gewürztraminer V.T.SGN* |

付録　フランス、イタリア地方料理とワインの相性

131

フランス、イタリア地方料理とワインの相性

シュークルート
Choucroute
豚肉の蒸し煮、発酵キャベツ添え
- 白 Sylvarner

キッシュ・ロレーヌ
Quiche Lorraine
キッシュのロレーヌ風
- 白 Riesling
- 白 Pinot Blanc

ベッケオフ
Baekeoffe(Backenoff)
肉と野菜の蒸し焼き
- 白 Pinot Gris
- 赤 Pinot Noir

クグロフ
Kouglof
クグロフ(干しブドウ入りブリオッシュ)
- 甘 Vin d'Alsace Moelleux

フランス ジュラ/サヴォワ
Jura/Savoie
料理

コック・オ・ヴァン・ジョーヌ
Coq au Vin Jaune
雄鶏のヴァン・ジョーヌ煮
- 他 Château-Chalon(黄ワイン)
- 他 Vin Jaune(黄ワイン)

エクルヴィス・ソース・ナンチュア
Ecrevisse Sauce Nantua
ざりがにのナンチュアソース
- 他 Vin Jaune(黄ワイン)

トリュイット・オ・ブルー
Truites au Bleu
鱒のタールブイヨン煮
- 白 Crépy

フォンデュ・サヴォワイヤルド
Fondue Savoyarde
サヴォワ風フォンデュ
- 白 Crépy

フランス 南西地方
Sud-Ouest
料理

コンフィ・ド・カナール
Confit de Canard
鴨のコンフィ
- 赤 Cahors
- 赤 Madiran

フォワグラ・ポワレ
Foie Gras Poêlé
フォワグラ・ポワレ
- 甘 Pacherenc-du-Vic Bilh
- 甘 Jurançon

サルミ・ド・パロンブ
Salmis de Palombe
森鳩のサルミソース
- 赤 Madiran

シヴェ・ド・マルカサン
Civet de Marcassin
仔猪の煮込み
- 赤 Irouléguy Rouge

132

フランス ラングドック
Languedoc

料理 / **合うワイン**

カスレ
Cassoulet
肉と白隠元豆の土鍋煮込み
- 赤 Corbières Rouge
- 赤 Minervois Rouge

ブランダード
Brandade
干し鱈のペースト
- 白 ロゼ Languedoc Blanc, Rosé

イタリア ヴァッレ・ダオスタ
Italia / *Valle d'Aosta*

料理 / **合うワイン**

コストレッタ・アッラ・ヴァルドスターナ
Costoletta alla Valdostana
仔牛のカツレツ、ヴァッレ・ダオスタ風
- 赤 Valle d'Aosta Donnas

フォンドゥータ
Fonduta
フォンデュ
- 白 Valle d'Aosta Blanc de Morgex et de la Salle

イタリア ピエモンテ
Piemonte

料理 / **合うワイン**

アニョロッティ・アッラ・ピエモンテーゼ
Agnolotti alla Piemontese
アニョロッティ（肉やチーズを詰めたパスタ）、ピエモンテ風
- 赤 Barbera d'Asti

バーニャ・カウダ
Bagna Cauda
バーニャ・カウダ
- 白 Gavi

ブラザート・アル・バローロ
Brasato al Barolo
牛肉のバローロ煮
- 赤 Barolo

ニョッキ・アル・ポモドーロ
Gnocchi al Pomodoro
ニョッキ、トマトソース
- 赤 Dolcetto d'Alba

インヴォルティーニ・アッラルベーゼ
Involtini all'Albese
肉のロール、アルバ風
- 赤 Barbera d'Alba

クーゲルフープ
Kugelhupf
クグロフ
- 発 Asti Spumante

レープレ・イン・シヴェー（レープレ・イン・サルミ）
Lepre in Civet (Lepre in Salmi)
野兎の煮込み
- 赤 Barolo

タヤリン・コン・タルトゥーフォ・ビアンコ
Tajarin con Tartufo Bianco
タヤリン（細めの手打ちパスタ）の白トリュフがけ
- 赤 Barbaresco
- 赤 Barolo

付録 フランス、イタリア地方料理とワインの相性

133

付録

フランス、イタリア地方料理とワインの相性

イタリア リグーリア
Liguria

料理

カッポン・マーグロ
Cappon Magro
魚貝と野菜のサラダ仕立て
　白 Cinque Terre

トレネッテ・アル・ペスト・ジェノヴェーゼ
Trenette al Pesto Genovese
トレネッテのジェノヴァ風ペースト和え
　白 Riviera Ligure di Ponente(Pigato)

イタリア ロンバルディア
Lombardia

料理

ブレザオラ
Bresaola
牛肉のハム
　赤 Valtellina Superiore

コストレッタ・アッラ・ミラネーゼ
Costoletta alla Milanese
仔牛のカツレツ、ミラノ風
　赤 Oltrepò Pavese Rosso

オッソブーコ・アッラ・ミラネーゼ
Ossobuco alla Milanese
仔牛のすね肉の煮込み、ミラノ風
　赤 Oltrepò Pavese Barbera

ピッツォッケリ・ディ・テーリオ
Pizzoccheri di Teglio
テーリオ産そば粉のパスタ
　赤 Valtellina

リゾット・アッラ・ピロータ
Risotto alla Pilota
ピロータ風リゾット
　赤 Oltrepò Pavese Barbera

イタリア ヴェネト
Veneto

料理

バッカラ・アッラ・ヴィチェンティーナ
Baccalà alla Vicentina
干しダラのヴィチェンツァ風
　白 Soave Classico

フェガート・アッラ・ヴェネツィアーナ
Fegato alla Veneziana
仔牛とレバーの玉ねぎのソテー、ヴェネツィア風
　赤 Valpolicella

パスティッチャータ・ディ・カヴァッロ
Pasticciata di Cavallo
馬肉の煮込み、ヴェローナ風
　赤 Valpolicella Classico

ポッロ・アッラ・パドヴァーナ
Pollo alla Padovana
鶏のロースト香辛料風味、パドヴァ風
　赤 Colli Euganei Rosso

リーシ・エ・ビーシ
Risi e Bisi
グリーンピースとベーコン入りリゾット
　白 Soave

134

| カルパッチョ
Carpaccio
生の牛肉のマヨネーズソース掛けカルパッチョ | ロゼ Bardolino Chiaretto |

イタリア トレンティーノ・アルト・アディジェ Trenino-Alto Adige

料理	合うワイン
バッカラ・アッラ・カップッチーナ Baccalà alla Cappuccina 干しダラのカップッチーナ風	白 Valdadige Pinot Grigio
スペッツァティーニ・コン・ポレンタ Spezzatini con Polenta 仔牛のトマト煮込み、ポレンタ添え	赤 Teroldego Rotaliano
ストゥルーデル Strudel ストゥルーデル	甘 Alto Adige Moscato Giallo

イタリア フリウリ・ヴェネツィア・ジューリア Friuli-Venezia Giulia

料理	合うワイン
フリーコ Frico モンタージオ・チーズのフライ	白 Collio Friulano
グバーナ Gubana グバーナ	白 Ramandolo
プロシュット・ディ・サン・ダニエーレ Prosciutto di San Daniele サン・ダニエーレ産生ハム	赤 Colli Orientali del Friuli Refosco
リゾット・コン・アスパラジ Risotto con Asparagi アスパラガス入りリゾット	白 Collio (Tranminer Aromatico) 白 Collio(Sauvignon)

イタリア エミリア・ロマーニャ Emilia-Romagna

料理	合うワイン
アングイッラ・アッロ・スピエード Anguilla allo Spiedo ウナギの串焼き	白 Albana di Romagna Secco
コストレッタ・アッラ・ボロニェーゼ Costoletta alla Bolognese 仔牛のカツレツ、ボローニャ風	赤 Sangiovese di Romagna
クラテッロ・ディ・ズィベッロ Culatello di Zibello ズィベッロ産豚の腰肉の生ハム	発 Lambrusco Grasparossa di Castelvetro

日本では入手困難なため、写真は形状の似ている「コッパ」で代用しています。

付録 フランス、イタリア地方料理とワインの相性

フランス、イタリア地方料理とワインの相性

付録

| ジェラート・コン・アチェート・バルサミコ | 平 Trebbiano di Romagna Abboccato |
| Gelato con Aceto Balsamico |
| アイスクリームのバルサミコ酢がけ |

プロシュット・ディ・パルマ
Prosciutto di Parma
パルマ産生ハム
白 Colli di Parma Malvasia Amabile

タリアテッレ・アッラ・ボロニェーゼ
Tagliatelle alla Bolognese
タリアテッレ(平らな紐状のパスタ)ミートソース
赤 Sangiovese di Romagna

イタリア トスカーナ　Toscana
料理

アングイッラ・アッラ・マレンマ
Anguilla alla Maremma
ウナギのマレンマ風
赤 Parrina Rosso

チンギアーレ・アッロ・スピエード
Cinghiale allo Spiedo
猪肉の串焼き
赤 Brunello di Montalcino

ラ・リボッリータ
La Ribollita
白隠元豆と野菜のスープ、パン入りグラタン風
白 Parrina Bianco

ミネストローネ・トスカーノ
Minestorone Toscano
白隠元豆のミネストローネ
白 Elba Bianco

ストラコット・フィオレンティーノ
Stracotto Fiorentino
牛肉の赤ワイン煮、フィレンツェ風
赤 Chianti

ビステッカ・アッラ・フィオレンティーナ
Bistecca alla Fiorentina
牛肉の炭焼きTボーンステーキ、フィレンツェ風
赤 Chianti Classico

イタリア ウンブリア　Umbria
料理

カッペレッティ・ディ・グッビオ
Cappelletti di Gubbio
カッペレッティのグッビオ風
白 Torgiano Bianco

パロンバッチャ・アッラ・ギオッタ
Palombaccia alla Ghiotta
山鳩の焙り焼き
赤 Montefalco Sagrantino

ポルケッタ・アル・フィノッキオ
Porchetta al Finocchio
仔豚の丸焼き、ウイキョウ風味
赤 Torgiano Rosso

料理	合うワイン
スパゲッティ・アッラ・ノルチーナ Spaghetti alla Norcina スパゲッティのトリュフ風味	白 Orvieto Classico

イタリア マルケ　Marche

料理	合うワイン
チャンベッラ Ciambella ドーナツ型のケーキ	発 Vernaccia di Serrapetrona
モッショリーネ・イン・グラティコーラ Mosciolline in Graticola ムール貝の網焼き	白 Vernaccia di Matelica
トリッパ・アッラ・マルキジャーナ Trippa alla Marchigiana 牛の胃袋のトマト煮、マルケ風	赤 Conero

イタリア ラツィオ　Lazio

料理	合うワイン
アッバッキョ・アッラ・カッチャトーラ／アル・フォルノ Abbacchio alla Cacciatora/al forno 仔羊の焙り焼き	赤 Cerveteri Rosso
フェットゥッチーネ・アル・ブッロ・エ・フォルマッジョ Fettuccine al Burro e Formaggio 平麺のバター、チーズ和え	白 Frascati Secco
インヴォルティーニ・ディ・マンツォ・アッラ・ロマーナ Involtini di Manzo alla Romana 牛肉の包み焼き、ローマ風	赤 Aprilia Sangiovese
ポッロ・アッラ・ロマーナ Pollo alla Romana 鶏肉と野菜の煮込み	白 Frascati Secco
サルティンボッカ・アッラ・ロマーナ Saltimbocca alla Romana 仔牛肉と生ハム小麦粉焼き	白 Frascati Secco 赤 Velletri Rosso

イタリア アブルッツォ　Abruzzo

料理	合うワイン
マッケローニ・アッラ・キタッラ Maccheroni alla Chitarra キタッラ（四角い手打ちパスタ）のトマトチーズソース	赤 Montepulciano d'Abruzzo Cerasuolo
モルタデッラ・ディ・カンポトスト Mortadella di Campotosto カンポトストのモルタデッラ	赤 Montepulciano d'Abruzzo

日本では入手困難なため、写真は産地の違う「モルタデッラ・ディ・ボローニャ」で代用しています。

付録　フランス、イタリア地方料理とワインの相性

フランス、イタリア地方料理とワインの相性

イタリア モリーゼ
Molise

料理	合うワイン
コニーリョ・リピエーノ・アッラ・モリザーナ Coniglio Ripieno alla Molisana ウサギの詰め物、モリーゼ風	赤 Biferno Rosso
ズッパ・モリザーナ Zuppa Molisana モリーゼ風スープ	白 Molise Bianco
ズッパ・サンテ Zuppa Sante ミートボールのスープ	白 赤 ロゼ Pentro di Isernia

イタリア カンパーニア
Campania

料理	合うワイン
ビステッカ・アッラ・ピッツァイオーラ Bistecca alla Pizzaiola 牛肉のソテー、トマト、ニンニク、オレガノ風味	赤 Taurasi
ポルピ・アッラ・ルチャーナ Polpi alla Luciana タコのマリネ、オリーブ、ニンニク風味	白 Greco di Tufo
スパゲッティ・アッレ・ヴォンゴレ Spaghetti alle Vongole アサリのスパゲッティ	白 Ischia Bianco

イタリア プーリア
Puglia

料理	合うワイン
アニェッロ・アッラ・カルボナーラ Agnello alla Carbonara 仔羊のカルボナーラ風	赤 Primitivo di Manduria
コッツェ・アッレ・レッチェーゼ Cozze alle Leccese ムール貝のレッチェ風	白 Salice Salentino Bianco
オレッキエッテ・コン・チーマ・ディ・ラーパ Orecchiette con Cima di Rapa チーマ・ディ・ラーパのオレキエッテ（耳の型をしたパスタ）	白 Castel del Monte Sauvignon

イタリア バジリカータ
Basilicata

料理	合うワイン
アングイッラ・デル・ラーゴ・モンテッキオ Anguilla del Lago Montecchio モンテッキオ湖のウナギの炭焼き	赤 Aglianico del Vulture

イタリア カラブリア

Calabria

料理	合うワイン
ミッレコセッデ Millecosedde カラブリア風ミネストローネ	ロゼ Cirò Rosato
パスタ・アシュッタ・アッラ・カラブレーゼ Pasta Asciutta alla Calabrese カラブリア風パスタ	白 Cirò Bianco
サーニャ・キーネ Sagna Chine カラブリア風ラザーニャ	赤 Cirò Rosso

イタリア シチーリア

Sicilia

料理	合うワイン
ボッタルガ・ディ・トンノ Bottarga di Tonno 鮪のカラスミの網焼き	白 Etna Bianco Superiore
カポナータ Caponata 茄子、トマト、オリーブ、ケッパーの冷製	白 Etna Bianco
クスクス Cuscusu 魚介類のスープ、セモリナ粉入り	白 Alcamo Bianco
ファルスマーグル Farsumagru 牛肉、豚肉、玉子、チーズのミートローフ	赤 Cerasuolo di Vittoria
カッサータ Cassata カッサータ	甘 Moscato di Pantelleria

イタリア サルデーニャ

Sardegna

料理	合うワイン
ブッリーダ Burrida 干しサメのクルミソースがけ	白 Nuragus di Cagliari
カッソーラ Cassola サルデーニャ風魚介のスープ	白 Vermentino di Gallura
レープレ・アッラ・サルダ Lepre alla Sarda 野ウサギのサルデーニャ風	赤 Cannounau di Sardegna
スパゲッティ・コン・ボッタルガ Spaghetti con Bottarga カラスミのパスタ	白 Vernaccia di Oristano

フランス、イタリア地方料理とワインの相性

フランス

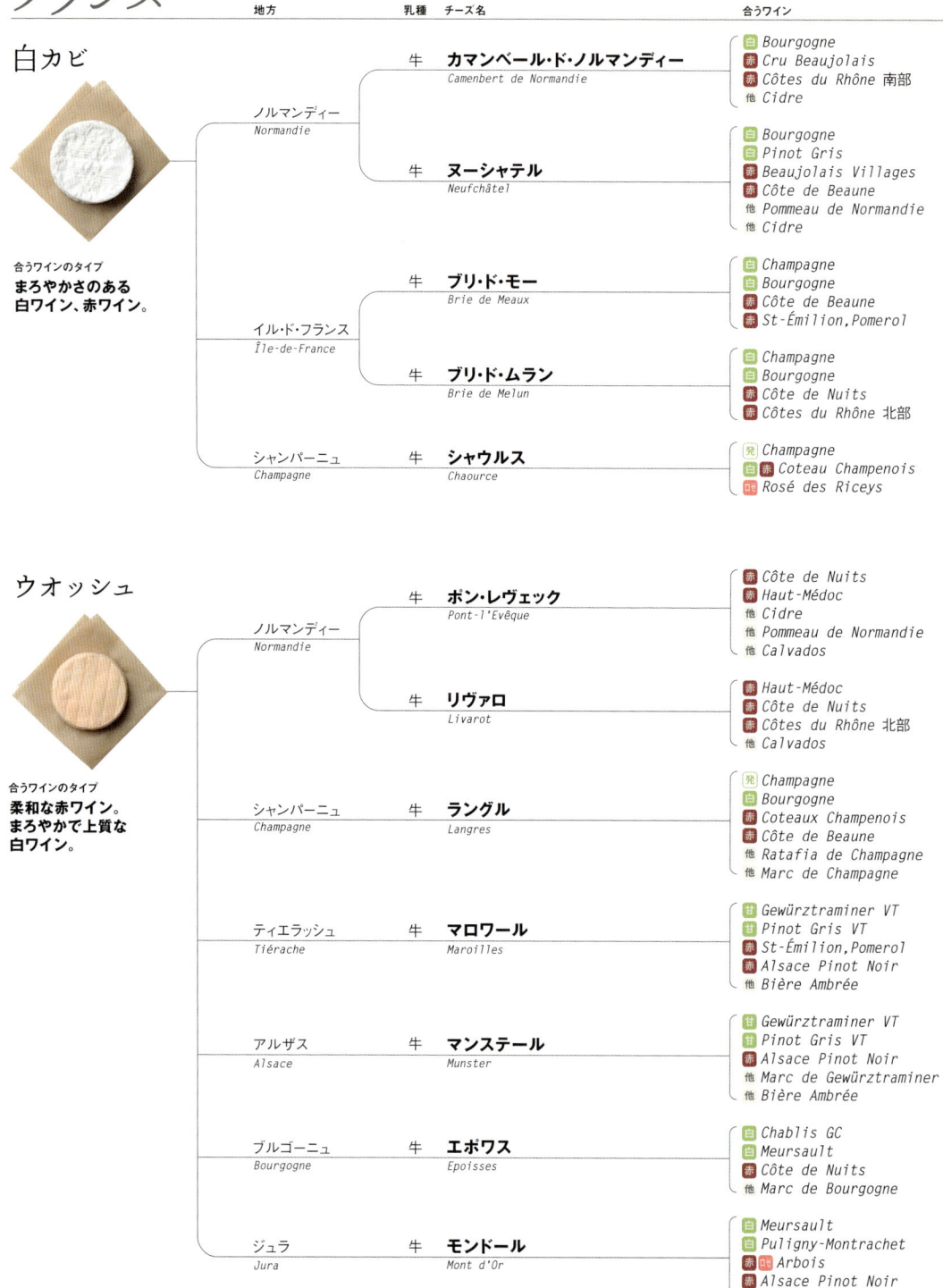

| 地方 | 乳種 | チーズ名 | 合うワイン |

白カビ

合うワインのタイプ
まろやかさのある白ワイン、赤ワイン。

- **ノルマンディー** Normandie
  - 牛 **カマンベール・ド・ノルマンディー** Camembert de Normandie
    - 白 Bourgogne
    - 赤 Cru Beaujolais
    - 赤 Côtes du Rhône 南部
    - 他 Cidre
  - 牛 **ヌーシャテル** Neufchâtel
    - 白 Bourgogne
    - 白 Pinot Gris
    - 赤 Beaujolais Villages
    - 赤 Côte de Beaune
    - 他 Pommeau de Normandie
    - 他 Cidre
- **イル・ド・フランス** Île-de-France
  - 牛 **ブリ・ド・モー** Brie de Meaux
    - 白 Champagne
    - 白 Bourgogne
    - 赤 Côte de Beaune
    - 赤 St-Émilion, Pomerol
  - 牛 **ブリ・ド・ムラン** Brie de Melun
    - 白 Champagne
    - 白 Bourgogne
    - 赤 Côte de Nuits
    - 赤 Côtes du Rhône 北部
- **シャンパーニュ** Champagne
  - 牛 **シャウルス** Chaource
    - 発 Champagne
    - 白赤 Coteau Champenois
    - ロゼ Rosé des Riceys

ウオッシュ

合うワインのタイプ
柔和な赤ワイン。まろやかで上質な白ワイン。

- **ノルマンディー** Normandie
  - 牛 **ポン・レヴェック** Pont-l'Évêque
    - 赤 Côte de Nuits
    - 赤 Haut-Médoc
    - 他 Cidre
    - 他 Pommeau de Normandie
    - 他 Calvados
  - 牛 **リヴァロ** Livarot
    - 赤 Haut-Médoc
    - 赤 Côte de Nuits
    - 赤 Côtes du Rhône 北部
    - 他 Calvados
- **シャンパーニュ** Champagne
  - 牛 **ラングル** Langres
    - 発 Champagne
    - 白 Bourgogne
    - 赤 Coteaux Champenois
    - 赤 Côte de Beaune
    - 他 Ratafia de Champagne
    - 他 Marc de Champagne
- **ティエラッシュ** Tiérache
  - 牛 **マロワール** Maroilles
    - 甘 Gewürztraminer VT
    - 甘 Pinot Gris VT
    - 赤 St-Émilion, Pomerol
    - 赤 Alsace Pinot Noir
    - 他 Bière Ambrée
- **アルザス** Alsace
  - 牛 **マンステール** Munster
    - 甘 Gewürztraminer VT
    - 甘 Pinot Gris VT
    - 赤 Alsace Pinot Noir
    - 他 Marc de Gewürztraminer
    - 他 Bière Ambrée
- **ブルゴーニュ** Bourgogne
  - 牛 **エポワス** Epoisses
    - 白 Chablis GC
    - 白 Meursault
    - 赤 Côte de Nuits
    - 他 Marc de Bourgogne
- **ジュラ** Jura
  - 牛 **モンドール** Mont d'Or
    - 白 Meursault
    - 白 Puligny-Montrachet
    - 赤ロゼ Arbois
    - 赤 Alsace Pinot Noir
    - 赤 Cru Beaujolais

付録 Appendix 2

フランス、イタリアの代表的チーズとワインの相性

フランス	地方	乳種	チーズ名	合うワイン

シェーヴル

合うワインのタイプ
酸味が豊かで切れのよい辛口白ワイン。もしくはすっきりとした赤ワイン、ロゼワイン。ロワールが名産地として名高い。

地方	乳種	チーズ名	合うワイン
ロワール *Loire*	山羊	サント・モール・ド・トゥーレーヌ *Sainte-Maure de Touraine*	白 *Sancerre* / 赤 *Chinon* / 赤 *Saumur-Champigny* / ロゼ *Cabernet d'Anjou* / 白ロゼ *Touraine*
	山羊	プーリニィ・サン・ピエール *Pouligny-Saint-Pierre*	白赤 *Sancerre* / ロゼ *Marsannay* / 赤 *Saumur-Champigny*
	山羊	セル・シュール・シェール *Selles-sur-Cher*	白赤 *Sancerre* / 赤 *Chinon* / 赤 *Saumur-Champigny* / 白ロゼ *Touraine*
	山羊	ヴァランセ *Valençay*	赤 *Valençay* / 白赤 *Sancerre* / 赤 *Chinon* / 白ロゼ *Touraine*
	山羊	クロタン・ド・シャヴィニョール *Crottin de Chavignol*	白赤 *Sancerre* / 白 *Pouilly-Fumé* / 赤 *Touraine* / 赤 *Anjou*
ブルゴーニュ *Bourgogne*	山羊	マコネ *Mâconnais*	白 *Mâcon-Villages* / 白 *Pouilly-Fuissé* / 赤白 *Mâcon*
コート・デュ・ローヌ *Côtes du Rhône*	山羊	ピコドン *Picodon*	白 *Condrieu* / 白 *St-Péray* / 赤 *Côtes du Rhône* 南部 / 赤 *Cru Beaujolais* / ロゼ *Tavel*
プロヴァンス *Provence*	山羊	バノン *Banon*	白赤ロゼ *Côtes de Provence*
ラングドック *Languedoc*	山羊	ペラルドン *Pélardon*	白 *Limoux* / 赤 *Corbières* / 赤 *Fitou* / 赤 *Minervois* / 赤 *Coteaux du Languedoc*

青カビ

合うワインのタイプ
貴腐をはじめとした甘口白ワイン。重厚でタンニンの強い赤ワイン。

地方	乳種	チーズ名	合うワイン
ローヌ・アルプ *Rhône-Alpes*	牛	ブルー・デュ・ヴェルコール・サスナージュ *Bleu du Vercors-Sassenage*	甘 *Sauternes* / 甘 *Jurançon* / 赤 *Côtes du Rhône* 南部 / 他 *Rasteau* / 他 *Muscat de Beaumes-de-Venise*
オーヴェルニュ *Auvergne*	牛	フルム・ダンベール *Fourme d'Ambert*	甘 *Sauternes* / 甘 *Jurançon* / 赤 *Côtes du Rhône* 南部 / 赤 *Cahors* / 他 *Rasteau* / 他 *Banyuls* / 他 *Rivesaltes*
ラングドック *Languedoc*	羊	ロックフォール *Roquefort*	甘 *Sauternes* / 甘 *Jurançon* / 甘 *Pacherenc du Vic-Bilh* / 赤 *Côtes du Rhône* 南部 / 赤 *Madiran* / 赤 *Haut-Médoc* / 赤 *St-Émilion, Pomerol* / 他 *Rasteau* / 他 *Banyuls* / 他 *Rivesaltes*

付録

フランス、イタリアの代表的チーズとワインの相性

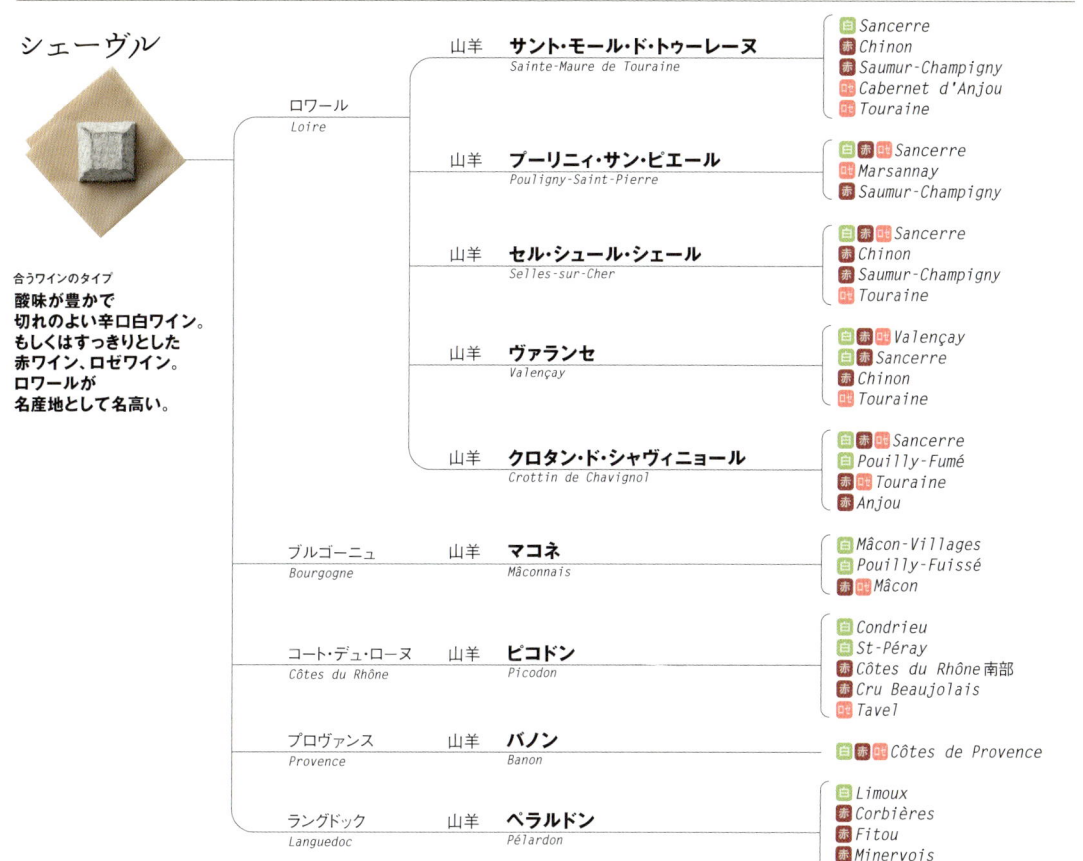

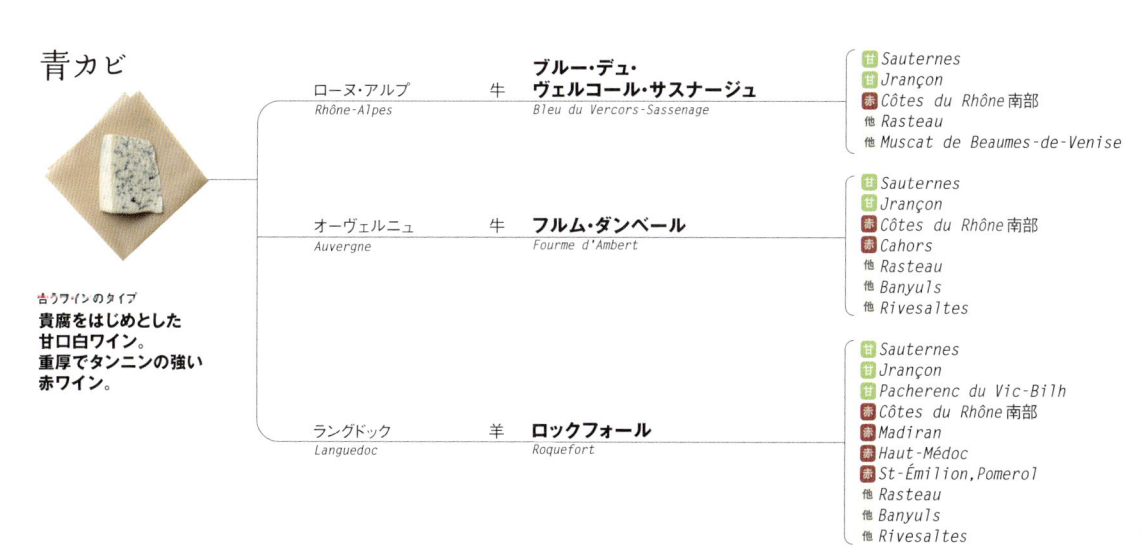

フランス	地方	乳種	チーズ名	合うワイン

圧搾

合うワインのタイプ
バランスの取れた辛口白ワイン、赤ワイン、ロゼワイン。

- ジュラ / Jura — 牛 — モルビエ / Morbier
  - 白 赤 ロゼ Arbois
  - 白 Côtes du Jura

- オーヴェルニュ / Auvergne
  - 牛 — カンタル / Cantal
    - 白 Graves
    - 白 Bourgogne
    - 赤 ロゼ Côtes d'Auvergne
    - 赤 St-Émilion
    - 赤 Côtes du Rhône 南部
  - 牛 — サレール / Salers
    - 白 Graves
    - 白 Bourgogne
    - 赤 ロゼ Côtes d'Auvergne
    - 赤 St-Émilion
    - 赤 Côtes du Rhône 南部
  - 牛 — ライオール / Laguiole
    - 白 Graves
    - 白 Bourgogne
    - 赤 ロゼ Côtes d'Auvergne
    - 赤 St-Émilion, Pomerol
    - 赤 Côtes du Rhône 南部
  - 牛 — サン・ネクテール / Saint-Nectaire
    - 白 ロゼ Bourgogne
    - 赤 Côte de Beaune
    - 赤 St-Émilion, Pomerol
    - 赤 Côte Rôtie

- バスク、ベアルネ / Basque, Béarnais — 牛 — オッソー・イラティ・ブルビ・ピレネー / Ossau-Iraty Brebis Pyrénées
  - 白 Jurançon Sec
  - 白 Pacherenc de Vic-Bilh
  - 赤 ロゼ Irouléguy
  - 赤 Madiran
  - 赤 Cahors

加熱圧搾

合うワインのタイプ
バランスの取れた辛口白ワイン、赤ワイン、ロゼワイン。

- サヴォワ / Savoie — 牛 — ボーフォール / Beaufort
  - 白 Roussette de Savoie
  - 赤 ロゼ Vin de Savoie
  - 他 Vin Jaune

- ジュラ / Jura — 牛 — コンテ / Comté
  - 白 L'Etoile
  - 赤 ロゼ Arbois
  - 赤 ロゼ Côtes du Jura
  - 他 Vin Jaune

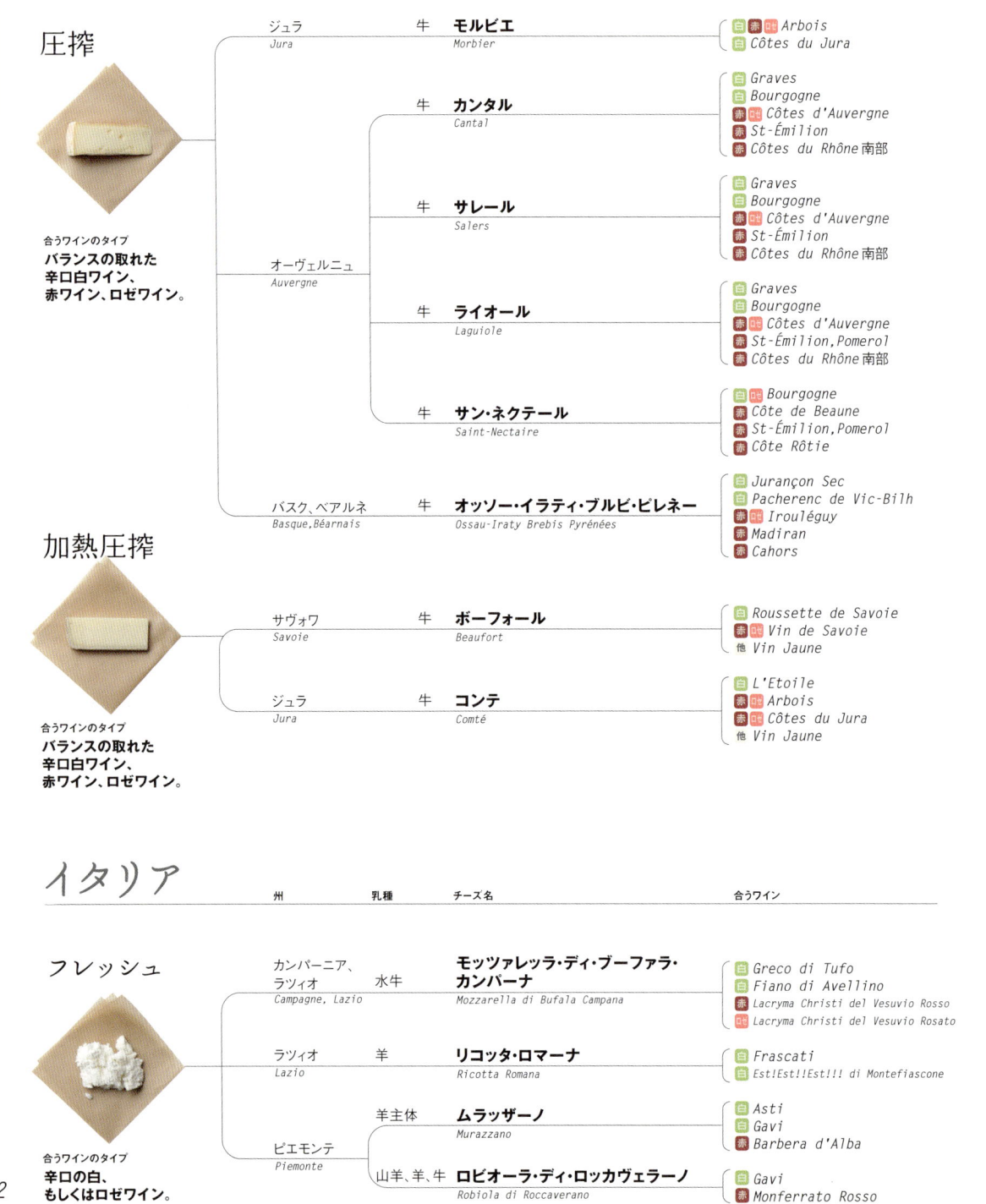

イタリア

	州	乳種	チーズ名	合うワイン

フレッシュ

合うワインのタイプ
辛口の白、もしくはロゼワイン。

- カンパーニア、ラツィオ / Campagne, Lazio — 水牛 — モッツァレッラ・ディ・ブーファラ・カンパーナ / Mozzarella di Bufala Campana
  - 白 Greco di Tufo
  - 白 Fiano di Avellino
  - 赤 Lacryma Christi del Vesuvio Rosso
  - 赤 Lacryma Christi del Vesuvio Rosato

- ラツィオ / Lazio — 羊 — リコッタ・ロマーナ / Ricotta Romana
  - 白 Frascati
  - 白 Est!Est!!Est!!! di Montefiascone

- ピエモンテ / Piemonte
  - 羊主体 — ムラッザーノ / Murazzano
    - 白 Asti
    - 白 Gavi
    - 赤 Barbera d'Alba
  - 山羊、羊、牛 — ロビオーラ・ディ・ロッカヴェラーノ / Robiola di Roccaverano
    - 白 Gavi
    - 赤 Monferrato Rosso

フランス、イタリアの代表的チーズとワインの相性

付録

142

イタリア		州	乳種	チーズ名	合うワイン

ウォッシュ

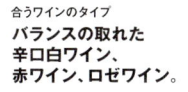

		ロンバルディア、ピエモンテ一部、ヴェネト一部 Lombardia, Piemonte, Veneto	牛	**タレッジョ** Taleggio	白 *Terre di Franciacorta Bianco* 赤 *Oltrepò Pavese Rosso* ロゼ *Franciacorta Rosato*

合うワインのタイプ
柔和な赤ワイン、まろやかで上質な白ワイン。

青カビ

		ピエモンテ、ロンバルディア Piemonte, Lombardia	牛	**ゴルゴンゾーラ** Gorgonzola	白 *Recioto di Soave* 赤 *Ghemme* 赤 *Brachetto d'Acqui*

合うワインのタイプ
貴腐をはじめとした甘口白ワイン。
重厚でタンニンの強い赤ワイン。

加熱圧搾

		ポー川右岸&レノ川左岸一帯、エミリア・ロマーニャ、ロンバルディア一部 Emilia Romagna, Lombardia	牛	**パルミジャーノ・レッジャーノ** Parmigiano Reggiano	白 *Colli di Parma Malvasia* 赤 *Lambrusco Reggaino* 赤 *Colli di Parma Rosso*
		北部一帯 Nord	牛	**グラーナ・パダーノ** Grana Padano	白 *Trebbiano di Romagna* 赤 *Sangivese di Romagna* 赤 *Bardolino Superiore* 赤 *Oltrepò Pavese Rosso*

合うワインのタイプ
バランスの取れた辛口白ワイン、赤ワイン、ロゼワイン。

半加熱圧搾

		トスカーナ Toscana	羊	**ペコリーノ・トスカーノ** Pecorino Toscano	白 *Pomino Bianco* 白 *Vernaccia di San Gimignano* 赤 *Chianti Classico* 赤 *Brunello di Montalcino* 赤 *Vino Nobile di Montepulciano*
		シチリア Sicilia	羊	**ペコリーノ・シチリアーノ** Pecorino Siciliano	赤 *Etna Rosso*
		ヴェネト Veneto	牛	**モンテ・ヴェロネーゼ** Monte Veronese	白 *Soave Superiore* 赤 *Valpolicella* ロゼ *Bardolino Chiaretto*
		ピエモンテ Piemonte	牛主体	**カステルマーニョ** Castelmagno	赤 *Barolo* 赤 *Barbaresco*
			牛	**トーマ・ピエモンテーゼ** Toma Piemontese	赤 *Barbaresco*

合うワインのタイプ
バランスの取れた辛口白ワイン、赤ワイン、ロゼワイン。

付録　フランス、イタリアの代表的チーズとワインの相性

付録 Appendix 3

色で覚えるスティルワイン以外の酒類

無色透明

焼酎 45%以下
原料により個性あり。芋は甘く柔らかく、麦は軽快、米はコクのあるタイプが多い。
― 一刻者

グラッパ 40%以上
品種ごとのブドウの香り(アロマティック品種は特に)がある。
― グラッパ・ディ・バローロ・ラ・ガルバッソラ

オー・ド・ヴィー・ド・フリュイ 40%以上
原料果実由来の香りがある。フランボワーズは、『海苔のつくだ煮』の香り。
― オー・ド・ヴィー・フランボワーズ

ジン 40%以上
ジュニパーベリーやコリアンダーシードなどの香りがあり、爽快。
― ロンドン・ドライ・ジン

ウオッカ 40%以上
スピリッツの中でも、最もクセがなく、ニュートラル。
― ストリチナヤ

ホワイト・ラム 40%以上
サトウキビの搾り汁や糖蜜が原料のため、砂糖類特有の甘い風味がある。
― バカルディ・スペリオール

コアントロー(ホワイト・キュラソー) 40%
オレンジの果皮の香り。
― コアントロー

白ワイン色

ミュスカ・ド・ボーム・ド・ヴニーズ 15%以上
マスカット・フレーバーが強い。とろりとした優しい甘味。甘口。
― ミュスカ・ド・ボーム・ド・ヴニーズ

シェリー・フィノ 15%以上
ヘーゼルナッツのような独特のシェリー香と強烈なミネラル。極辛口。
― シェリー・ドライ・フィノ

赤ワイン色

クレーム・ド・カシス 15%以上
まさにカシスを煮詰めた印象。極甘口。
― クレーム・ド・カシス・ド・ディジョン

バニュルス 15%以上
ルビーポートと似ているが、ドライフラワーなどの香りもあり、ポートより繊細。甘口。
― バニュルス

ルビー・ポート 19〜22%
ドライフルーツ、スパイス、漢方薬の香り。濃い甘さと渋味が融合。甘口。
― ルビー・ポート

琥珀色

スコッチ・ウイスキー 40%以上
スモーキーフレーバーが特徴。原料が穀類のため、フルーティさはない。
― バランタイン・ファイネスト

バーボン・ウイスキー 40%以上
内面を強く焦がした新樽で熟成するため、この香りが特徴。
― フォア・ローゼズ・バーボン

コニャック 40%以上
樽熟成由来のバニラやカラメルのような甘香ばしい香り。味わいも上品でまろやか。
― VSOP・エレガンス

アルマニャック 40%以上
樽風味など、コニャックと類似するが、ボディにやや力強さがある印象。
― VSOP

カルヴァドス 40%以上
コニャックなどに比べると、リンゴの爽やかな香りと軽快なボディ。
― ブラー・グラン・ソラージュ

マール 40%以上
ブドウの搾り粕が原料のため、コニャックなどに比べ、アルコールの粗さが目立つ。
― マール・ド・ブルゴーニュ

ダーク・ラム 40%以上
コニャックなど同様、樽風味があるが、砂糖特有の風味も融合し、より甘ばしい。
― バカルディ・ブラック

グラン・マルニエ(オレンジ・キュラソー) 40%
オレンジの果皮の香り。
― グラン・マルニエ・コルドン・ルージュ

ベネディクティン 40%
漢方薬、のど飴、薬草、スパイスの香り。とろりとまろやかな風味。
― ベネディクティン DOM

シェリー・アモンティリャード 15%以上
シェリー香もあるが、樽熟成により香ばしさとコクが強まり、まろやか。辛口。
― シェリー・ドライ・アモンティリャード

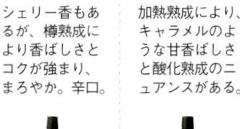

マデイラ 17〜22%
加熱熟成により、キャラメルのような甘香ばしさと酸化熟成のニュアンスがある。
― ウェルシュ・ブラザーズ・マデイラ・ファイネスト・リッチ

その他の色

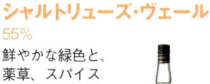

シャルトリューズ・ヴェール 55%
鮮やかな緑色と、薬草、スパイスの風味。 
― シャルトリューズ・ヴェール

シャルトリューズ・ジョーヌ 40%
鮮やかな黄色と薬草の香り。まろやかな蜂蜜風味。
― シャルトリューズ・ジョーヌ

カンパリ 24%
ビターオレンジ果皮が主原料。ほろ苦味と甘味。 
― カンパリ